Petra Dietz
Eva-Grit Schneider

Mein Hamster
zu Hause

Inhaltsverzeichnis

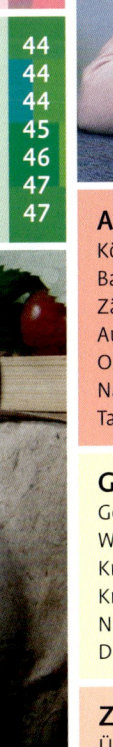

Vorwort

Große Knopfaugen und eine charmante Persönlichkeit – es fällt leicht, sich in diesen entzückenden Kerl zu verlieben. Kein Wunder, dass der Hamster ein so beliebtes Heimtier ist. Vor allem der Goldhamster findet sich bei uns in zahlreichen Wohn- und Kinderzimmern. Neben diesem goldigen Exemplar werden auch die kleineren Verwandten, die Zwerghamster, immer populärer. Hierzu zählen in erster Linie der Dsungarische, der Campbell und der Roborowski Zwerghamster. Auch der Chinesische Streifenhamster, ebenfalls ein Mini-Hamster, bezaubert immer

mehr Menschen. Doch beschäftigen wir uns in diesem Buch in erster Linie mit dem Goldhamster und seinen Zuchtformen. Wissenswertes rund um und über Zwerghamster finden Sie in unserem Ratgeber „Mein Zwerghamster zu Hause".

Neben den Zwergen gibt es auch Mittel- und Großhamster. Letzterer ist bei uns nicht als Heimtier bekannt, aber dennoch heimisch. Dazu gehört nämlich der Feldhamster. Leider sieht man den putzigen Kerl auf unseren Feldern nur noch selten. Dagegen erfreut sich die Heimtierpopulation des Goldhams-

>> **Farbenwahl: Auch Schneeweiß steht dem Goldhamster ausgezeichnet.**

4

ters, übrigens ein Mittelhamster, bei uns weiterhin großer Beliebtheit. Es gibt ihn in zahlreichen Zuchtvarianten. Das Haarkleid kann kurz, lang, seidig oder strubbelig sein. Auch die Farbschläge lassen keine Wünsche offen. Von Schneeweiß bis Blauschwarz ist fast alles möglich. Leider schreckt man aber auch vor fragwürdigen Züchtungen wie dem Nackthamster nicht zurück. Diese „Fellvariante" ist vor allem in den USA sehr gefragt.

≫ **Zum Anbeißen süß.**

Jede Zuchtform hat ihre Vorzüge. Süß sind sie alle. Aber jedes Tier hat seinen eigenen Kopf und seine eigene Persönlichkeit. Während der eine Hamster es liebt, beschmust zu werden, wird der andere lieber beobachtet als angefasst. Um Ihren neuen Mitbewohner zu verstehen, brauchen Sie das richtige Hamster-Know-How. Damit Ihr süßer Nager glücklich ist, müssen Sie seine Bedürfnisse kennen. Dieses Buch hilft Ihnen dabei, Ihrem Hamster ein weitestgehend artgerechtes Leben zu ermöglichen. Sie erhalten Ratschläge in Sachen Anschaffung, Haltung, Verhalten, Pflege und Gesundheit.

Systematik

Goldhamster gehören zur Ordnung der Nagetiere. Die Tiere verfügen über auffällige Beißerchen. Die besondere Gebissform zeichnet sich durch vier markante Schneidezähnen und zwölf Backenzähne aus. Typisch auch bei diesem Nagetier: Die Schneidezähne der Hamster wachsen so lange die kleinen Tiere leben.

Auch Heimtierhamster haben wilde Vorfahren. Der bei uns so beliebte Goldhamster stammt vom Syrischen Goldhamster ab. Wie der Name schon verrät, kommt der Nager ursprünglich aus dem Nordosten Syriens. Dort leben die wilden Mittelhamster hauptsächlich in der Hochebene von Aleppo.

Trotz seines niedlichen Aussehens ist der wilde Goldhamster bei den Einheimischen nicht gerade beliebt. Denn die Lieblingsspeise des Nagers ist Getreide, und das sehen die Bauern gar nicht gerne. Sie betrachten den Hamster als Schädling und behandeln ihn auch so. Der kleine Kerl wurde und wird auch heute noch gejagt. Eine lange Zeit galt der Syrische Goldhamster sogar als ausgestorben. Erst 1999 wurde wieder eine kleine Population entdeckt. Dennoch ist die Zukunft des wilden Goldhamsters mehr als ungewiss.

Die niedlichen Nager müssen hart im Nehmen sein. Die Lebensbedingungen in der Heimat der wilden Hamster sind hart. In der freien Natur sind die Tiere in Sachen Ernährung nicht allzu wählerisch. Auf dem Speiseplan stehen Kräuter, Getreide und Samen. Auch Eiweiß in Form von tierischer Beute wird gerne geschlemmt. Dazu gehören Heuschrecken, Grillen, Schnecken, Käfer und Regenwürmer.

Charakteristisch für alle Hamster ist, dass sie Futtervorräte anlegen. Als Transportbehälter dienen ihnen dabei ihre ausgeprägten Backentaschen. Wie in einer Tragetasche verstauen sie dort ihre gesammelten Fressalien. Zu Hause angekommen wird das Futter mit Hilfe der Vorderpfötchen aus dem Maul gestrichen. Bis zu 20 Gramm Getreidekörner kann ein Goldhamster in seinen Backen transportieren. Doch es legen nicht nur wilde Hamster Vorräte an, das machen auch die domestizierten Exemplare. Obwohl sie jeden Tag ihr Futter frei Haus geliefert bekommen, horten Sie in Verstecken Fressbares für „schlechte Zeiten".

Hamster sind kleine Wühler. Im wahrsten Sinne des Wortes. In der freien Natur leben sie in einem unterirdischen Bau. Dieser kann bis zu einem Meter – teilweise sogar noch tiefer – unter der Erdoberfläche liegen. Die gegrabenen Tunnel sind ein perfektes Heim für die Nager. Im Winter bleibt es dort relativ warm und im Sommer recht kühl. Außerdem bietet die Untergrundwohnung viel Platz. Der Hamster verfügt mindestens über eine Vorratskammer, eine Schlafkammer (Nest), und etwas weiter entfernt gibt es sogar eine Toilette.

Wilde Goldhamster halten Winterschlaf. Gehen die Temperaturen in den Keller, reduziert der Hamster seine Körperfunktionen. Ab und zu wacht er auf und stärkt sich. Dafür hat er schließlich eifrig Vorräte gehamstert.

Hamster sind dämmerungs- und nachtaktiv, man bekommt sie aber manchmal auch bei Tage zu Gesicht. Ein wichtiger Aspekt, den Sie bei der Anschaffung beachten sollten.

≫ Erst mal die Backen vollstopfen und dann in Ruhe futtern.

Ein weiterer Punkt ist die Lebenserwartung. Es ist schwer, darüber genaue Angaben zu machen. Es ist wie bei uns Menschen – die einen haben eine robustere Gesundheit als andere. Bei guter Haltung leben Heimtierhamster in der Regel länger als ihre wilden Verwandten. Das Leben in der Freiheit ist mit kräftezehrenden Anstrengungen verbunden. Es kann gut sein, dass ein wilder Goldhamster nur ein bis zwei Jahre alt wird. In menschlicher Obhut kann das Tier unter Umständen drei Jahre alt werden, mit viel Glück sogar vier.

▶ SYSTEMATIK

Klasse: Säugetiere(Mammalia)
Überordnung: höhere Säugetiere (Euarchontogli)
Ordnung: Nagetiere (Rodentia)
Unterordnung: Mäuseverwandte (Myomorpha)
Überfamilie: Mäuseartige (Muroidea)
Familie: Wühler (Cricetidae)
Unterfamilie: Hamsterartige (Cricetinae)
Gattung: Mittelhamster (*Mesocricetus*)
Arten: Syrischer Goldhamster (*M. auratus*)
Rumänischer Goldhamster (*M. newtoni*)
Kaukasischer Hamster (*M. brandti*)
Schwarzbrusthamster (*M. raddei*)

≫ Vor dem Kauf bedenken: Goldhamster haben eine Lebenserwartung von etwa drei Jahren.

▶ KRÄFTIGE DAMEN

Kräftige Damen: Goldhamster erreichen eine Körperlänge von etwa 20 bis 30 Zentimetern. Sie bringen zwischen circa 140 und 180 Gramm auf die Waage. Auffällig ist, dass die Weibchen meist größer und schwerer sind als die Hamsterherren.

▶ DER FELDHAMSTER

Der Großhamster steht unter Naturschutz. Das ist auch nötig. Denn in unseren Feldern wird der Nager mit dem auffallend schwarzen Bäuchlein nur noch selten gesehen. Sein Lebensraum erstreckt sich von Mittel- bis Südosteuropa. Aber selbst in Belgien hat man ihn schon gesichtet. Mit einer Gesamtlänge von etwa 20 bis 35 cm macht der Feldhamster seiner Gattung alle Ehre.

Fell- und Farbvarianten

Es gibt mittlerweile einige gezüchtete Mittelhamstervarianten, die jedoch alle vom Syrischen Goldhamster (*M. auratus*) abstammen. Je nachdem, auf welche Zuchtmerkmale man Wert legt, kommen dabei nicht nur zahlreiche Farbschläge heraus, sondern auch unterschiedliche Fellstrukturen. Es gibt Tiere mit langem, kurzem, glattem oder plüschigem Fell. All diese Zuchtformen können wiederum in unterschiedlichsten Farbschlägen vorkommen und außergewöhnliche Fellzeichnungen aufweisen.

Einige Exemplare tragen den Zusatz „Satin". Diese Satin-Hamster gibt es sowohl bei den langhaarigen, als auch bei den kurzhaarigen Tieren. „Satin" bedeutet, dass diese Nager über eine besonders glänzende Haarpracht verfügen. Hervorgerufen wird der edle Glanz durch einen hohlen Haarschaft, der das Licht reflektiert und dadurch einen seidigen Schimmer erzeugt. „Satin" ist jedoch keine eigene Zuchtvariante, sondern nur ein Merkmal wie Haarfarbe oder Fellzeichnung.

Hamster mit Rexfaktor verfügen über ein plüschiges, gekräuseltes Fell. Das kann sowohl lang als auch kurz sein.

Alle Zuchtformen kommen in etlichen Farbschlägen vor, zu viele, um sie hier alle namentlich erwähnen zu können. Die Auswahl reicht von albinoweiß bis zimtfarben.

Interessant ist, dass man den unterschiedlichen Zuchtformen auch unterschiedliche Charaktere nachsagt. Aber: Diese mögen zutreffen – oder auch nicht. Das Verhalten ist immer eine Frage der Persönlichkeit und der Erfahrungen, die die Tierchen machen. Es lassen sich bei den einzelnen Farbschlägen Charaktertendenzen erkennen. Aber Sie dürfen nicht enttäuscht sein, wenn Ihr Teddyhamster nicht die Zutraulichkeit zeigt, die man ihm nachsagt.

Wildfarbener Goldhamster

Er ist der Klassiker unter den Hamstern und sieht aus wie der ursprüngliche Syrische Goldhamster. Hier trifft der Name tatsächlich zu. Der Kleine ist hauptsächlich goldfarben, nur das Bäuchlein ist weiß. Auf dem Kopf hat er einen dunklen Strich. Der Wildfarbene wird etwa 15 cm groß und ist mit einer relativ robusten Natur gesegnet. Daher ist er für Kinder geeigneter als etwas sensiblere Rassen, wie der Scheckenhamster. Die goldigen „Wilden" sollten einzeln gehalten werden. Konkurrenz im Hamsterheim schätzen sie gar nicht. Das kann böse ausgehen.

➢ **Der Klassiker:
Goldhamster in wildfarben**

≫ Cremefarbene haben den Ruf, besonders zutraulich zu werden.

Beigefarbener/cremefarbener Goldhamster

Der hübsche Kerl wird immer beliebter. Auch er wird etwa 15 cm groß. Sein Fell ist meist cremefarben, einige Exemplare weisen auch einen hübschen Pfirsichton auf. Zum Bauch hin wird das Fell heller. Den beigefarbenen Goldhamster gibt es mit braunen und mit rubinroten Augen. Den Beigen sagt man einen friedfertigen und zutraulichen Charakter nach. Man kann sie unter Umständen sogar mit Artgenossen halten.

Russenhamster

Dieser Hamster zeichnet sich durch eine attraktive Fellzeichnung aus. Er ist fast weiß – nur Nase, Ohren, Schwanz und Füßchen weisen eine dunkle Fellfarbe auf. Kein Wunder, dass der Russenhamster auch Siamhamster genannt wird. Denn die Fell-Ähnlichkeit mit der gleichnamigen Katze ist auffällig. Diese Rasse hat dunkelrote Augen und ist im Körperbau etwa zarter als der wildfarbene Goldhamster.

Schecken-Goldhamster

Der Kleine ist zwar so groß wie der klassische Goldhamster, doch im Charakter unterscheiden sich die beiden sehr. Schecken neigen dazu, schreckhaft und

≫ Schecken gibt es in zahlreichen Farbschlägen und Fellvarianten.

nervös zu sein. Auch mit der Zutraulichkeit haben sie häufig Probleme, und Paarhaltung ist so gut wie ausgeschlossen. Ihr Immunsystem scheint nicht besonders stabil zu sein. Sie leiden häufiger an Infektionskrankheiten. Das ist wohl der Preis für ihre hübsche Fellzeichnung. Das Haarkleid weist asymmetrische Farbflecke auf. Musterungen in Creme, Braun, Schwarz, Weiß oder Wildfarben sind möglich.

Langhaarige Goldhamster: Teddy- und Angorahamster

Der Teddyhamster macht seinem Name alle Ehre. Das plüschige Fell erinnert tatsächlich an ein knuddeliges Stofftier. Teddys können langes oder mittellanges Haar haben, aber es ist immer plüschig. Das liegt am Rexfaktor.

Tiere mit langem glattem Haar sind Angorahamster. Je älter das Tier, desto länger das Haar. Bei den Herren wird das Fell übrigens länger als bei den Damen. Angora- und Teddyhamster gibt es ebenfalls in verschiedenen Farbschlägen, doch Fellmuster kommen hier meist nur schlecht zur Geltung. Die lange Haarpracht bedeutet für den Halter allerdings auch einen Mehraufwand an Pflege.

Langhaarhamster sind etwa zwei Zentimeter kleiner als die klassischen Goldhamster. Ihrem Zweibeiner gegenüber zeigen sich die Langmähnigen oft als zutrauliche Heimtiere, doch die Paarhaltung mit ihresgleichen klappt fast nie.

≫ **Angora- und Teddyhamster benötigen regelmäßige Fellpflege.**

≫ **Bei männlichen Langhaarhamstern wird das Fell länger als bei den Damen.**

▶ **DAMENFARBE**
Die Farbvariante „Schildpatt" kommt nur bei den Hamsterweibchen vor.

Geschichte

Bereits Ende des 18. Jahrhunderts wurde der Syrische Goldhamster das erste Mal in der Literatur erwähnt. Im Jahre 1839 gab es dann die erste wissenschaftliche Beschreibung anhand eines toten Exemplars. Lebendige Goldhamster wurden erst 1930 per Zufall bei Grabungsarbeiten entdeckt. Der Fund bestand aus einem Muttertier und elf Jungtieren. Doch davon verstarben kurz darauf sieben Tiere. Teils beabsichtigt für wissenschaftliche Zwecke, teils unbeabsichtigt als Folge eines Unfalls.

>> **Verantwortungsvolle Aufgabe: Auch so ein kleiner Kerl braucht Zuwendung und Zeit.**

Die noch verbliebene Hamstergruppe bestand aus drei Männchen und einem Weibchen. Und dieser kleinen Familie haben wir heute unseren kompletten Bestand an Heimtiergoldhamstern zu verdanken. Schwester und Brüder paarten sich eifrig, und bereits nach einem Jahr durfte man sich über 150 Nachkommen freuen. Schnell wurden die niedlichen Nager zu beliebten Heimtieren und traten ihren Siegeszug an. Erst ging es nach England und Frankreich, dann in die USA und schließlich auch nach Deutschland. Noch vor 1950 waren die goldigen Hamster weltweit vertreten.

Überlegungen vor dem Kauf

Für wen sind Hamster geeignet?

Der Hamster ist ein Heimtier, das Sie auch ohne Vermietererlaubnis in einer Mietwohnung halten können. Doch bevor Sie sich so einen süßen Nager anschaffen, sollten Sie abklären, ob ein Familienmitglied unter einer Tierhaarallergie leidet.

Ein Haustier macht viel Freude, aber auch Arbeit. Als Halter übernehmen Sie die Verantwortung für das kleine Lebewesen. Es ist auf Sie angewiesen.

Und auch ein so kleines Tier wie der Hamster hat Ansprüche an seinen Lebensraum und seinen Besitzer. Es ist selbstverständlich, dass Sie den Hamster artgerecht halten und versorgen. Aber das alleine reicht nicht aus, um ihn glücklich zu machen. Das kluge Kerlchen braucht außerdem Auslauf und Anregungen. Stecken Sie ihn auf keinen Fall in einen fast leeren Käfig. So ein trauriges Schicksal hat kein Tier verdient. Der Hamster braucht Aktion. Er will auf Entdeckungstour gehen, spielen und nagen.

Im Gegensatz zu vielen anderen Heimtieren hat ein Hamster kein Problem damit, wenn Sie ihm ein paar Tage nicht ganz so viel Aufmerksamkeit schenken.

Aber was ist, wenn Sie länger fort sind? Wer versorgt den Kleinen, wenn Sie verreisen oder ins Krankenhaus müssen? Sprechen Sie bereits vor der Anschaffung Freunde und Familienmitglieder an, ob sie gegebenenfalls die Aufgabe als „Hamster-Sitter" übernehmen möchten.

▶ ELTERNSACHE

Auch wenn der Hamster offiziell Ihrem Kind gehört, sollten Sie sich darauf einstellen, dass Sie sich letztendlich um das Tier kümmern müssen.

Hamster als Spielgefährte?

Hamster sind supersüß. Sie haben ein tolles Fell und niedliche Knopfaugen. Kein Wunder, dass Kinder ganz vernarrt in die kleinen Nager sind. Doch der Hamster ist ein empfindsames Lebewesen und muss dementsprechend behandelt werden. Legen Sie das Tier nicht als Geschenk unter den Weihnachtsbaum, nur weil Ihr Kind sich den Hamster so sehr gewünscht hat.

≫ Für ältere Kinder sind Goldhamster ideale Heimtiere.

Ein Hamster ist nur dann ein ideales Haustier, wenn Ihr Kind genügend Verantwortungsbewusstsein besitzt. Für Kinder, die das Grundschulalter noch nicht erreicht haben, eignen sich Hamster nicht. Ältere Kinder können gute Halter sein. Dennoch sollten Sie die Kind-Tier-Beziehung im Auge behalten. Beobachten Sie, wie Ihr Kind mit dem Tier umgeht. Erklären Sie ihm, worauf es achten muss.

Das Tierchen kann sich nicht wehren, wenn es von Kindern (unbeabsichtigt) gequält wird. Wird es zum Beispiel fallengelassen, kann das zu äußerst schmerzhaften inneren Verletzungen oder Rippen- und Knochenbrüchen führen. Schlimmstenfalls endet das „Spiel" tödlich. Machen Sie Ihr Kind darauf aufmerksam, dass der Nager kein Spielzeug ist. Erklären Sie ihm, dass der Hamster seinen eigenen Kopf hat, und dass man seine Bedürfnisse achten muss.

GUT ZU WISSEN

Wichtig: Hamster sind nacht- und dämmerungsaktiv. Das ist ein wichtiger Punkt bei der Haltung. Stellen Sie sich die Frage, ob ihre Kinder ein Haustier haben möchten, das aktiv wird, wenn sie ins Bett müssen. Zwerghamster sind hier etwas flexibler. Sie sind häufiger auch mal bei Tage unterwegs und passen sich manchmal sogar dem Tagesrhythmus ihres Halters an.

Wenn es aber unbedingt ein Mittelhamster sein soll, müssen Sie Ihrem Kind klarmachen, wie wichtig die Ruhe- und Schlafzeiten für den Hamster sind. Diese müssen übrigens von der ganzen Familie respektiert werden! Schlafmangel bedeutet Stress für das Tier, und der wirkt sich wiederum negativ auf seine Gesundheit und seine Lebenserwartung aus.

» **Bitte nicht stören. Schlafmangel macht krank.**

Einzelhaltung?

Die meisten Hamsterarten sind von Natur aus Einzelgänger. Das gilt ganz besonders für den Goldhamster. Hält man ihn solo, ist das für ihn keine Belastung. Ausnahmen sind zwar selten, aber bei einigen Rassen durchaus möglich. Doch Vorsicht: Der Haussegen kann von einem Tag auf den nächsten schief hängen. Dann müssen Sie sofort handeln und die Tiere getrennt halten.

Sie sollten sich schon beim Erwerb mehrerer Tiere gleich einen Zweitkäfig besorgen, damit Sie im Fall der Fälle gleich eingreifen und die Streithähne trennen können. Warten Sie auf keinen Fall ab, weil Sie glauben, das wird sich schon legen. Wenn die Nager sich in den Fellhaaren haben, ist der Burgfrieden dahin. Für das unterlegene Tier kann so ein Streit mit erheblichen Verletzungen enden. Schließlich hat der Kleine im beengten Käfig keine Möglichkeit zu fliehen.

» **Wenn's im Käfig kracht, müssen Sie die streitlustigen Hamster getrennt halten.**

◥ STRESSIGER STREIT

Revierkämpfe können nicht nur zu sichtbaren Verletzungen führen. Solche Auseinandersetzungen sind für alle beteiligten Tiere mit großem Stress verbunden. Doch Stress belastet das Immunsystem und kann so indirekt zu Erkrankungen führen. Auch wirkt er sich negativ auf die sowieso schon kurze Lebenserwartung des Hamsters aus.

Männchen oder Weibchen?

Eigentlich ist es egal, ob Sie sich für ein Männchen oder Weibchen entscheiden. Man sagt zwar Hamsterweibchen nach, dass sie etwas unnahbarer sind als die Herren, aber es gibt auch giftige Kerle. Die Damen werden etwas größer als die Männchen und Ihre Aktivitäten werden von ihrem Zyklus bestimmt. Das Weibchen ist alle vier Tage paarungsbereit, und Ihr Geschlechtsorgan sondert dann eine Flüssigkeit ab, die etwas strenger riecht.

Falls Sie es tatsächlich schaffen sollten, mehrere Hamster zu halten, sollten diese gleichen Geschlechts sein. Es sei denn, Sie möchten züchten. Ansonsten haben Sie sehr schnell unerwünschten Nachwuchs. Eine Kastration oder Sterilisation sollten Sie nicht durchführen lassen. Das Risiko, dass die winzigen Nager die Narkose nicht überleben, ist einfach zu groß.

Geschlechtsmerkmale: In der Regel sind junge Hamster vier bis sechs Wochen alt, wenn sie abgegeben werden. Im üblichen Abgabealter sind die Geschlechtsmerkmale bereits zu erkennen, zumindest für einen Experten. Dazu zählen auch Zoofachverkäufer und Züchter. Für einen Laien ist es nicht so einfach, die Geschlechter zu unterscheiden. Nehmen Sie den Hamster behutsam hoch, und drehen Sie ihn sanft auf den Rücken. Beim Weibchen liegen beide Öffnungen, After und Geschlechtsteil, viel näher beieinander als beim Männchen. Außerdem ist die weibliche Kehrseite etwas runder. Das Männchen entwickelt etwa ab der sechsten Lebenswoche Hoden.

>> Beim Weibchen (rechts) liegen die Körperöffnungen näher beieinander als beim Männchen.

Auswahlkriterien Zoofachgeschäft, Züchter, Tierheim, Privat

Zoofachgeschäft

Im Fachgeschäft werden Sie sicher fündig, sofern Sie keine ausgefallenen Wünsche haben, was Fell- und Farbvariation betrifft. Wenn Sie sich für ein Tier aus dem Zoogeschäft entscheiden, sollten Sie ein paar Dinge beachten: Kontrollieren Sie unbedingt die Haltung der Hamster. Einen Kauf sollten Sie nur in Erwägung ziehen, wenn Käfige und Tiere sauber sind.

Dreckige Käfige, gammelige Futterreste und verschmutzte Tiere deuten auf eine schlechte Hygiene hin. Das hat nicht selten zur Folge, dass auch der Gesundheitszustand der Tiere beeinträchtigt ist. Bringen Sie etwas Zeit mit. Bevor Sie sich zu einem Kauf entschließen, sollten Sie die Hamster eine Zeit lang beobachten. Am besten gehen Sie gegen Abend ins Geschäft, um die Tiere in Aktion zu sehen.

>> Ist der Käfig sauber? Macht der Hamster einen gesunden Eindruck? Nehmen Sie sich Zeit bei der Wahl Ihres neuen Mitbewohners.

Wichtig: Sie sollten wissen, ob Sie ein Männchen oder ein Weibchen erwerben. Informieren Sie sich über das Geschlecht Ihres zukünftigen Hausgenossen. Der Verkäufer muss in der Lage sein, die Geschlechter zu unterscheiden. Möchte er Ihnen weismachen, dass das in dem Alter der Jungtiere nicht möglich ist, sollten Sie ein anderes Geschäft aufsuchen. Wenn die Hamster von ihrer Mutter getrennt werden können, sind sie auch so groß, dass ein Experte die Geschlechtsmerkmale erkennen kann.

Züchter

Wenn Sie auf der Suche nach einem besonderen Exemplar sind, haben Sie beim Züchter gute Chancen, fündig zu werden. Der Kauf bei einem Züchter hat den Vorteil, dass Sie sich persönlich von der artgerechten Haltung der Hamster überzeugen können. Aber selbst hier sollten Sie Tiere und Unterbringung unter die Lupe nehmen. Leider gibt es auch unter den Züchtern schwarze Schafe, die es mit der Tierliebe nicht so genau nehmen.

Ist an der Haltung aber nichts auszusetzen, steht einem Kauf nichts mehr im Wege. Der Züchter ist in der Lage, Ihnen Alter und Geschlecht seiner Tiere zu nennen. Falls Sie das Wagnis der Paarhaltung eingehen möchten, haben Sie zudem die Möglichkeit, sich Geschwister aus einem Wurf auszusuchen. Züchter annoncieren in Zeitungen und im Internet.

Tierheim

Es müssen ja nicht immer sehr junge Tiere sein. Auch ältere Hamster freuen sich, wenn sie in ein liebevolles Zuhause kommen. Natürlich sollte der Hamster nicht zu alt sein. Schließlich ist seine Lebenserwartung nicht allzu hoch, und Sie möchten noch etwas von dem Tier haben. Aber auch in einem Tierheim können Sie zahlreiche Jungtiere finden, denn hier wird häufig unerwünschter Nagernachwuchs abgegeben. Das Tierheimpersonal kann Sie über Alter, Geschlecht und eventuelle Krankheiten informieren.

Beim Züchter finden Sie auch ausgefallene Farbschläge.

Privat

Private Anbieter gibt es jede Menge. Dank Internet und Zeitungen finden Sie sicher einen Anbieter in Ihrer Nähe. Angeboten wird meist ungeplanter Hamsternachwuchs, aber auch ältere Tiere werden immer mal wieder abgegeben. Trifft Letzteres zu, haben Sie gute Chancen, vom Verkäufer gleich das entsprechende Zubehör mitzuerwerben. Bei diesen Käufen kann man richtig gute Schnäppchen machen. Fragen kostet ja nichts. Übrigens: Es gibt auch Internet-Vermittlungen, die für Hamster in Not ein neues und liebevolles Zuhause suchen.

▶ GUT ZU WISSEN

Hamster brauchen menschlichen Kontakt, um handzahm zu werden. Diese Aufmerksamkeit erhalten Sie häufig bei Züchtern und Privatpersonen.

Gesundheitscheckliste für die Anschaffung von Hamstern

Sie sind soweit. Sie sind bereit, ein Hamsterhalter zu werden und haben sich auch schon einen Nager ausgeguckt. Schön – doch bei allem Enthusiasmus sollten Sie jetzt einen kühlen Kopf bewahren und nicht gleich mit dem auserwählten Tier nach Hause eilen. Erst einmal müssen Sie den Hamster genau betrachten, sofern das im Laden möglich ist. Denn Sie möchten sicher kein krankes Tier erwerben.

➤➤ **Wichtig: Tier und Käfig müssen einen guten Eindruck machen.**

▶ GESUNDHEITSCHECKLISTE

- Der Hamster sitzt nicht apathisch rum. Er ist neugierig und munter.
- Er hat strahlende, klare, nichttränende Augen.
- Das Fell ist dicht und sauber. Es weist keine kahlen Stellen oder Krusten auf.
- Die Haut ist rosig und zeigt keine Schuppenbildung.
- Die Nase ist trocken, nicht gerötet und ohne Ausfluss (Schnupfen).
- Schneidezähne und Krallen dürfen nicht zu lang sein. Achten Sie auf Zahnfehlstellungen.
- Aus dem Mäulchen kommt kein fauliger Geruch.
- Die Backentaschen kann der Hamster problemlos auffüllen und auch wieder entleeren.
- Das Tier darf nicht humpeln und die Sohlen sollten sauber und verletzungsfrei sein.
- Schauen Sie sich auch die Kehrseite an. Die Afterregion sollte sauber sein, Verschmutzungen können auf eine Durchfallerkrankung hinweisen.
- Der Bauch muss weich sein. Ist er aufgebläht und verhärtet, kann das die Folge einer falschen Ernährung oder einer Magendarmerkrankung sein.
- Der Hamster darf nicht zu dick und nicht zu dünn sein (keine heraustretenden Knochen).
- Der Kleine hat einen geraden Rückenverlauf.
- Die Atmung des Hamsters muss gleichmäßig und ruhig sein, ohne Rasselgeräusche oder anderen Auffälligkeiten.

▶ ERFOLGSTIPP

Wenn möglich sollten Sie beim Kauf des Hamsters etwas Einstreu aus dem alten Käfig mitnehmen. Damit können Sie das neue Zuhause „dekorieren". So hat der Hamster in der Fremde wenigstens einen vertrauten Duft in der Nase. Das vermindert den Eingewöhnungsstress.

>> Benutzte Streu riecht vertraut und erleichtert die Eingewöhnung ins neue Heim.

KEIN MITLEIDSKAUF

Auch wenn es schwerfällt: Kaufen Sie keine Tiere, weil sie im Geschäft unter katastrophalen Bedingungen gehalten werden. Die Gefahr ist groß, dass Sie sich damit kranke und verhaltensgestörte Tiere anschaffen. Außerdem belohnen Sie mit einem solchen Mitleidskauf das amoralische Verhalten des Tierhändlers. Der macht mit seinem schändlichen Treiben weiter. Hamster, die nicht verkauft werden, enden dann häufig als Futtertiere oder werden einfach weggeworfen. Besser: Melden Sie diese nicht artgerechte Heimtierhaltung dem Tierschutzverein.

Der Hamster und andere Tiere

Natürlich können Sie neben Ihrem Hamster noch andere Haustiere halten. Es ist eben alles eine Frage des Tierhaltungs-Managements. Wichtig ist, dass Sie genügend Zeit für alle tierischen Hausgenossen mitbringen. Ein chaotisch geführter Haustierzoo verursacht Stress – bei Ihnen und Ihren Tieren.

Hunde und Katzen

Hamster sind eine beliebte Beute. In der Wildnis müssen sie täglich ums Überleben kämpfen. Schließlich haben es viele Räuber auf sie abgesehen. Dementsprechend schreckhaft sind auch die domestizierten Hamster. So ist es nur verständlich, dass sie es nicht mögen, wenn sie von einem Hund oder einer Katze gejagt werden. Ein friedliches Nebeneinander von Beute und Räuber ist zwar möglich, doch nur unter bestimmten Bedingungen. Dazu gehört, dass Sie Ihren freilaufenden Hamster niemals alleine mit einem Hund oder einer Katze in einem Raum lassen. Zur Kontrolle sollte immer ein Zweibeiner in der Nähe sein. Bello und Mieze haben nun mal das Jagen im Blut, darum bleibt immer ein Restrisiko bestehen.

>> Ein schönes Paar. Dennoch sollte man die beiden besser nicht aus den Augen lassen.

Vögel

Ihr Wellensittich oder Kanarienvogel ist sicher keine Bedrohung für Ihren Hamster. Doch eifersüchtige Großsittiche oder Papageien sind nicht ohne. Deren Schnabelhiebe können ernsthafte Verletzungen verursachen. Daher dürfen Sie Ihren Hamster nicht unbeaufsichtigt laufen lassen, wenn auch der Vogel gerade seinen Freigang bzw. Freiflug genießt. Vogel- und Hamsterkäfig sollten auch nicht in einem Raum stehen. Das andauernde Vogelpiepsen oder -schreien ist nichts für die sensiblen Hamsteröhrchen.

Nager

Glauben Sie nicht, dass alle Nager untereinander auskommen. Die meisten Hamster vertragen sich nicht mal mit ihresgleichen und schon gar nicht mit artfremden Nagern. Auf keinen Fall darf der Hamster mit anderen Nagern zusammen in einem Käfig leben. Das funktioniert überhaupt nicht.

Andere Tiere

Vorsicht ist bei allen Räubern geboten. Dazu gehören Echsen und Schlangen, aber auch die immer beliebter werdenden Frettchen. Übrigens: Lassen Sie den Hamster nicht in der Nähe eines Aquariums herumlaufen. Er könnte hineinfallen und ertrinken.

▶ TÖDLICHE HATZ

Läuft ein Hamster vor einem vermeintlichen Räuber davon, rennt er um sein Leben! Kein Wunder also, dass das Weglaufen den Hamstern gar nicht guttut. Unter Umständen bringt so eine Hetzjagd das Tier sogar um.

Was kostet ein Hamster?

Der Kauf des Tierchens ist nicht der größte Kostenfaktor. Abhängig von Alter, Farbschlag und Rasse zahlt man zwischen fünf und zwölf Euro für ein Tier. Private Anbieter geben ihre Hamster auch oft umsonst ab. Hamster aus einem Tierheim sind verständlicherweise nicht umsonst. Der Interessent muss eine Schutzgebühr entrichten. Die weitaus größeren Ausgaben müssen Sie für Käfig samt Einrichtung, Futter und eventuelle Tierarztkosten einkalkulieren. Für einen Käfig mit allem Drum und Dran muss man etwa zwischen 70 und 100 Euro zahlen.

≫ **Hamster brauchen Beschäftigung. Sorgen Sie für zahlreiche Spiel- und Versteckmögllichkeiten.**

Eingewöhnung

Der Transport

Wenn Ihr neues Haustier sich mit Ihnen auf den Weg in sein neues Hamsterdomizil macht, sollte es für ihn möglichst stressfrei ablaufen. Besorgen Sie sich vor dem Kauf einen geeigneten Karton oder noch besser eine Transportbox. Die können Sie später auch für Tierarztbesuche nutzen. Für welches Behältnis Sie sich auch entscheiden, es muss sicher zu verschließen sein, über ausreichend Luftlöcher verfügen und abgedunkelt werden. In der Dunkelheit fühlen sich die Tiere geborgener, weil die Box dann einer Höhle oder einem Bau ähnelt. Außerdem können wechselnde Umwelteindrücke Ihr Tier ängstigen und stressen. Begeben Sie sich mit Ihrem neuen Mitbewohner auf dem schnellsten Weg nach Hause, muten Sie dem sensiblen Tier keinen längeren Transport zu als unbedingt notwendig.

≫ Keine Extratouren. Bringen Sie den Kleinen gleich nach Hause.

▶ VORSICHT AUSBRUCHGEFAHR

Egal, welches Transportbehältnis Sie wählen – es sollte ausbruchsicher sein. Die meisten Katzenboxen sind völlig ungeeignet, weil die Gitterstäbe zu weit auseinander liegen. Da kann ein Hamster, vor allem Jungtiere, sehr schnell durchschlüpfen.

≫ So eine Transportbox ist eine sinnvolle Anschaffung, z. B. für Tierarztbesuche.

Willkommen im neuen Zuhause

Wichtig: Erst das Heim, dann der Hamster. Noch bevor Sie den Hamster mit nach Hause bringen, muss der Käfig komplett eingerichtet sein. Zu Hause angekommen, können Sie das Kerlchen sanft in den Käfig setzen. Besser wäre es jedoch, wenn Sie gleich die geöffnete Transportbox so in oder an den Käfig stellen, dass der Hamster von alleine in sein neues Zuhause marschieren kann.

Verständlicherweise möchte jetzt jeder gerne das neue „Familienmitglied" in Augenschein nehmen. Doch lassen Sie dem Hamster ausreichend Zeit, sich an die ungewohnte Umgebung zu gewöhnen und den Transportstress zu verarbeiten. Nach etwa zwei bis drei Stunden können Sie sich neben den Käfig setzen und leise mit dem Tier reden.

Wenn Sie Kontakt aufnehmen möchten, dann in den ersten Tagen nur im Käfig. Möchten Sie sich bei Ihrem neuen Kumpel beliebt machen, sollten Sie ihn verwöhnen. Locken Sie ihn mit einem Leckerli in der offenen Handfläche. Krabbelt das Kerlchen auf die Hand und holt sich den Leckerbissen, sind Sie in Sachen Vertrauen schon mal einen riesengroßen Schritt weiter. Aber nicht übertreiben. Auch wenn der Hamster von alleine zu Ihnen kommt, sollten Sie mit Streicheln oder Hochnehmen noch ein paar Tage warten.

>> Hilft bei der Annäherung: eine fressbare Bestechung.

► OPTIMALE „HANDHABUNG"

Heimtieranfänger sind oft etwas hilflos, wenn es um das richtige Tragen und Halten ihrer neuen Lieblinge geht. Sie sollten hierbei auch nichts überstürzen. Ist der Hamster erst kurz bei Ihnen, und Sie müssen ihn aus dem Käfig nehmen, sollten Sie behutsam vorgehen. Bevor Sie den Hamster hochnehmen, sprechen Sie beruhigend auf das Tier ein, und lassen Sie ihn an Ihrer Hand schnuppern. Sanfter wäre es, wenn Sie ihn mit etwas Fressbaren auf die Hand locken können. Dann nehmen Sie das Tier langsam hoch und decken es mit der zweiten Hand ab.

► ERFOLGSTIPP

Vertrauen geht durch die Nase: Ihr noch fremder Geruch kann den Hamster erschrecken. Reiben Sie Finger und Hand mit Einstreu aus dem Käfig ein, bevor Sie den Kleinen anfassen. Der vertraute Geruch beruhigt den Hamster.

>> Wenn sich der Kleine partout nicht anfassen lässt, kommt der Bechertrick zum Einsatz.

Vorsicht: Hamster sind sehr flink und es kann schnell passieren, dass sie ausbüchsen. Sollte der Nager Sie beißen, dürfen Sie auf keinen Fall das Tier vor Schreck fallen lassen. Der Sturz von Ihrer Hand kann tödlich sein! Hamster dürfen nicht am Nackenfell gepackt werden. So macht es zwar die Hamstermama mit Ihren Jungen, aber die Dame ist auch klein und zart. Eine große, grobe Menschenhand könnte mit dem Nackengriff nicht nur Schmerzen, sondern auch Verletzungen, vor allem im Backenbereich, verursachen.

▶ BEUTEGRIFF

Sie wundern sich, weil Ihr Hamster panisch wegrennt, wenn Sie ihn durch die obere Käfigöffnung herausnehmen möchten? Dafür hat der Nager gute Gründe: Der Griff von oben ähnelt dem Angriff eines herabstürzenden Raubvogels. Sie wollen ja nicht, dass Ihr Hamster um sein Leben fürchten muss. Deshalb sollten Sie das Tier erst an Ihrer Hand schnuppern lassen und dann herausnehmen. Vermeiden Sie dabei hektische Bewegungen.

≫ **Sicher aufgehoben.**

Haltung

Käfigstandort

Suchen Sie für Ihren neuen Hausgenossen ein schönes Plätzchen aus. Das muss unbedingt drinnen sein, denn Hamster sind nicht für die Außenhaltung geeignet. Die Beleuchtung am Käfigstandort darf nicht zu grell sein. Achten Sie unbedingt darauf, dass der Käfig weder im Durchzug, noch zu nahe an einer Heizung steht. Die ideale Raumtemperatur liegt zwischen 18 und 25 C°. Wenn Sie die Wohnung lüften möchten, darf der Hamster keiner Zugluft ausgesetzt werden. Das sensible Tier kann darauf schnell mit einer Erkältung reagieren.

Direkte Sonnenbestrahlung muss unbedingt vermieden werden. Sonst kann der Kleine einen Hitzschlag erleiden. In die Küche sollten Sie den Käfig nicht stellen. Das empfindliche Näschen des Nagers ist dort

▶ ERFOLGSTIPP

Keine „Bodenhaltung": Der Käfig sollte einen festen und erhöhten Standort haben. Das trägt dazu bei, dass der Hamster zahm wird. Dem Tier wird so das Beutegefühl (Raubvogeleffekt) genommen. Außerdem bekommt der neugierige Nager besser mit, was sich in der Menschenwelt so Spannendes tut.

intensiven Gerüchen ausgesetzt. Das ist für das Tier nicht nur unangenehm, sondern auch gesundheitsschädigend. Das Gleiche gilt für Nikotingestank. Ein ruhiger Standort ist ein Muss. Das Tier braucht seinen Schlaf und darf währenddessen nicht gestört werden. Eine laute Umgebung schätzt ein Hamster überhaupt nicht. Stellen Sie den Käfig also bitte nicht neben die Stereoanlage, auch anhaltendes Kindergeschrei ist nichts für das Hamstergehör.

≫ **Gitter ziehen die kletterwütigen Hamster magisch an. Auch wenn Sie nicht gerade begnadete Kraxler sind.**

Der richtige Käfig

Noch bevor Sie Ihren Hamster nach Hause holen, müssen Sie die Käfigfrage klären. Soll es ein Gitterkäfig, ein Aquarium oder Terrarium sein? Jedes Heim hat seine Vor- und Nachteile.

Gitterkäfig: Er hat viele Vorteile: Die Belüftung ist gut, und die Reinigung einfach. Die Gitterstäbe lassen auch einen direkten Kontakt zum Tier zu. Einrichtung und Zubehör, wie ein Trinkspender, lassen sich einfach an den Stäben befestigen.

Doch es gibt auch Nachteile: Hamster sind Wühler – wortwörtlich. Sie lieben es zu buddeln. Und dabei kann es passieren, dass die Einstreu durch die Gitterstäbe fliegt.

Die Stäbe können zudem zum Klettern animieren. Doch das ist nicht gerade eine Stärke des aktiven Nagers. Das hält ihn allerdings auch nicht davon ab, es auszuprobieren. Er erklimmt die Gitterstäbe und plumpst nicht selten herunter. Davor können Sie ihn nicht schützen. Aber Sie können verhindern, dass er in den Gitterstäben hängen bleibt und sich verletzt. Achten Sie darauf, dass die Gitterabstände mindestens 12 mm betragen.

Bekommt der Hamster nicht genügend Knabbermaterial und Abwechslung geboten, kann es passieren, dass er die Gitterstäbe annagt. Diese sind häufig lackiert, beim Anknabbern können Lackteilchen verschluckt werden. Auch das Anknabbern der Plastikwanne ist ein beliebter, aber gefährlicher Zeitvertreib. Besser ist eine Metallwanne. Sie ist etwas teurer, aber auch langlebiger und vor allem nicht so ungesund.

▶ INFOBOX

Streutiefe beachten: Hamster gehören zur Familie der Wühler. Wenn man die Nager beobachtet, weiß man woher die Bezeichnung kommt. Hamster buddeln für ihr Leben gern. Das liegt in ihrer Natur. In der Wildnis graben sie meterlange Tunnel und leben in einem unterirdischen Bau. Keine Frage, dass auch Ihr Hamster die Möglichkeit haben muss, ausgiebig zu buddeln. Eine Streutiefe von mindestens 10 cm wäre prima. Wenn der Kleine in einem Gitterkäfig mit Wanne lebt, sollte diese in jedem Fall so hoch sein, das der Nager darin graben kann.

>> **Eine hohe Wanne im Gitterkäfig verhindert, dass die Streu rausfliegt.**

>> Hamster sind Wühler. Sorgen Sie für genügend Buddelmaterial.

Aquarium: Auch wenn das etwas seltsam klingt. Ein „Fischhaus" kann ein prima Hamsterheim sein. Der Nager kann darin nach Herzenslust buddeln. Sie müssen nur für eine ungefährliche und ausbruchsichere Abdeckung sorgen, die genügend Frischluft in den Käfig lässt. Eine Abdeckung aus engmaschigem Draht ist schnell gebaut. Dafür müssen Sie kein guter Handwerker sein.

Aber auch das Aquarium hat Nachteile: Es ist relativ schwer und damit auch etwas unhandlich. Kinder können und sollten es nicht bewegen. Außerdem ist die Reinigung nicht so einfach wie die eines Gitterkäfigs. Wichtig: Das Aquarium darf nicht höher als tief sein, sonst gibt es Belüftungsprobleme. Diese sind nicht nur für das Tier unangenehm, sondern auch für Ihre Nase. Achten Sie daher darauf, dass das Aquarium immer in einem einwandfreien hygienischen Zustand ist.

Terrarium: Es ist dem Aquarium recht ähnlich. Aber es hat einen entscheidenden Vorteil: Es wird von oben und unten belüftet. Zudem hat man den Zugriff von vorne und nicht von oben (Beutegriff). Der Blick auf den kleinen Kerl ist nicht durch Gitterstäbe behindert. Aber auch hier gilt: Das Terrarium ist recht schwer und arbeitsaufwendig bei der Reinigung.

Käfig Marke Eigenbau

Wer etwas geschickt ist, kann ein wahres Hamsterparadies erschaffen. In einem selbstgebauten Heim kann man seiner Phantasie freien Lauf lassen, so lange alles sicher und artgerecht ist. Anleitungen finden Sie beim Züchter oder in entsprechenden Internetforen. Auch auf Nagerbörsen hilft man Ihnen gerne weiter.

Wenn Sie sich selbst betätigen möchten, müssen Sie darauf achten, dass beim selbstgebauten Hamsterheim nichts hervorsteht, woran sich das Tier verletzen könnte. Dazu zählen unter anderem Schrauben, Nägel sowie spitze oder abgebrochene Äste.

Auf keinen Fall ein Plastikröhrenkäfig

Leider sind im Handel sehr fragwürdige Käfige unterwegs. Dazu gehört auch der Plastikröhrenkäfig. Er ist nicht nur unattraktiv, sondern auch lebensgefährlich für Ihren Hamster. Der Kleine kann darin stecken bleiben. Außerdem kommt es in den engen Röhren häufig zu massiven Belüftungsproblemen, die zum Erstickungstod führen können. Andauernde Kondenswasserbildung führt zu Atemwegserkrankungen. Da die quietschbunte und moderne Aufmachung vor allem die Jüngsten anspricht, müssen die Eltern konsequent sein. Machen Sie Ihrem Kind klar, dass so ein Käfig nicht artgerecht ist.

Käfiggröße

Hamster sind flink, neugierig und ganz schön aktiv. In der Wildnis legen die Nager weite Strecken auf ihren winzigen Beinchen zurück. Dieser natürliche Lauftrieb kann in einem winzigen Käfig natürlich nicht ausgelebt werden. Da hilft auch ein Laufrad nicht (siehe auch Kapitel „Käfigausstattung"). Der Käfig sollte die Mindestmaße von 80 x 40 x 40 cm haben. Zu hoch darf der Käfig übrigens nicht sein. Überschreitet er die Höhe von 40 cm, ist es ratsam, eine Zwischenetage einzubauen. Überhaupt sind Zwischenebenen eine tolle Sache im Käfig. Sie sorgen für Abwechslung und Bewegung. Zudem bieten sie dem Tier Alternativen. Ein Schlafhäuschen oben, eins unten – der kleine Kerl kann es sich aussuchen.

►ERFOLGSTIPP

Sie wollen Zwischenetagen in einem Aquarium oder Terrarium einbauen? Bringen Sie dafür unbehandelte Holzleisten als Rahmen an, und befestigen Sie daran die Etagen.

» Käfig sorgfältig verschließen. Sonst macht sich das neugierige Kerlchen auf und davon.

►DIE RICHTIGE EINSTREU

- Seien Sie großzügig. Bieten Sie dem Tier eine mindestens 10 cm dicke Streuschicht.
- Sie können übliche Kleintierstreu aus Hobelspänen verwenden.
- Verwenden Sie keine behandelten Holzspäne.
- Vogelsand mögen die Hamster sehr gerne. Der nimmt jedoch schnell Feuchtigkeit auf und ist nicht so geruchsbindend.
- Rindenmulch ist zwar geeignet, aber etwas teurer und eignet sich nicht so gut zum Buddeln. Setzen Sie es lieber als Beschäftigungsmaterial ein.
- Heu schmeckt prima und ist ein tolles Nistmaterial. Als Einstreu ist es eher ungeeignet, da es schnell schimmelt.
- Achten Sie auf staubfreie Einstreu. Sonst werden die Atemwege des Hamsters belastet.
- Nehmen Sie keinen Torf, der kann zu Pilz- und Atemwegserkrankungen führen. Sägemehl reizt die Schleimhäute.
- Scharfkantige Streu (z. B. Katzenstreu) hat im Käfig nichts zu suchen.
- Keine Gartenerde nehmen, da diese mit Keimen belastet ist.
- Blumenerde kann man nicht verwenden, da sie meist mit giftigem Dünger versetzt ist.

> Keine scharfkantige Einstreu verwenden.
> Sie kann Verletzungen verursachen.

Käfigausstattung

Denken Sie daran: Ihr Hamster ist clever und aktiv. Sie müssen ihm einen anregenden Käfig bieten. Schließlich ist er auf diesen kleinen Raum beschränkt und kann sich nicht in der freien Wildbahn austoben. Besorgen Sie rechtzeitig entsprechendes Hamster-Mobiliar. Bevor Sie jedoch mit der Einrichtung beginnen, müssen Sie Einstreu auslegen.

Essen und Trinken

Stellen Sie besser zwei Futternäpfe auf. Einer ist für das Trockenfutter, der andere für Saft- und Beifutter, wie Obst, Gemüse oder Mehlwürmer. Verwenden Sie keine leichten Kunststoffbehälter. Die halten einem quirligem Hamster nicht stand und kippen schnell um. Setzen Sie dem Nager Schalen aus schwerem Porzellan oder Ton vor.

Zusätzlich sollten Sie eine Heuraufe besorgen. Es gibt Raufen, die aufgestellt oder am Käfig befestigt werden können, so können sich die Tiere nicht mehr in ihr Essen legen. Zusätzlich sollten Sie Ihrem Hamster einen Salzleckstein besorgen, um eventuellen Salz- und Mineralmangel auszugleichen.

Neben dem Futter benötigt Ihr Hamster natürlich immer frisches Trinkwasser. Ideal sind Nippeltränken. Dabei handelt es sich um Trinkflaschen, die am Gitter befestigt werden. Bei einem Terrarium oder Aquarium wird das etwas schwieriger. Manche Spender werden reingehangen oder mit einem Saugnapf befestigt. Da der Saugnapf in der Regel nicht gut hält, kann man ihn

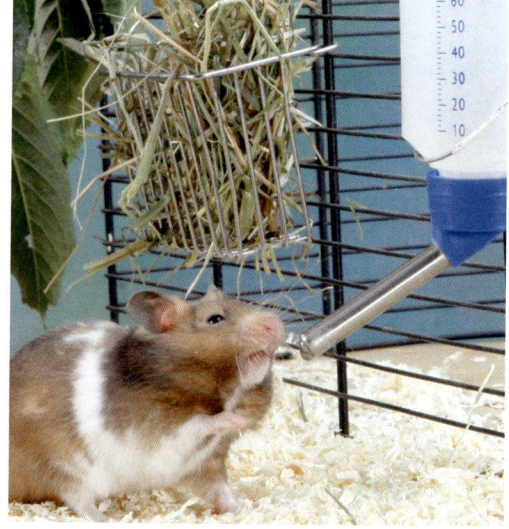

≫ Verwenden Sie standfeste Futternäpfe aus Ton. Diese können nicht kippen.

auch mit doppelseitigem Klebeband festmachen. So lässt sich die Flasche auch wieder leicht herauslösen. Bastelfreunde werden sicher noch andere Ideen haben. Dabei ist zu beachten, dass der Hamster sich nicht verletzen kann, beispielsweise an den losen Drahtenden. Wenn Sie mit Kleber oder Silikon arbeiten, muss der geklebte Gegenstand drei Tage auslüften, bevor er in Kontakt mit Ihrem Tier kommt. Die Ausdünstungen sind für den Nager giftig.

▶ ERFOLGSTIPP

Hängen Sie die Trinkflasche nicht über einen Futternapf. Heraustropfendes Wasser kann das Futter durchnässen. Ideal sind tropffreie Flaschen mit Kugelverschluss.

Nippelflaschen sind praktische und ≫
hygienische Wasserspender.

Schlafen

Die Schlaf- und Ruhezeiten sind für den Hamster besonders wichtig. Bieten Sie ihm ruhig zwei Schlafgelegenheiten oder mehr an. Der Schlafplatz sollte leicht zu kontrollieren sein, damit Sie gammelige Nahrungsreste einfach entfernen können. Im Fachhandel finden Sie bereits fertige Kleintierhäuschen aus Keramik oder Holz. Alternativ können Sie ausgehöhlte, aber unbehandelte Kokosnüsse, Baumwur-

zeln, Strohkugeln, Keramikschalen mit Belüftungsloch oder Tonröhren verwenden. Raue Materialien haben zudem den Vorteil, dass sich der Hamster beim Drüberlaufen gleich die Krallen abwetzt.

Gut gepolstert

Die Kleinen wissen, was gut ist. Sie bevorzugen ein kuschelig weiches Bettchen. Der Hamsterschlafplatz ist auch sein Nest, und dort muss es gemütlich sein. Für die Bequemlichkeit sorgt der Hamster, für das Polstermaterial sind Sie verantwortlich. Hier müssen Sie wirklich gewissenhaft vorgehen.

>> **Ein tolles Hamsterhaus. Eignet sich zum Schlafen, Verstecken und Klettern.**

≫ Stroh: Schmeckt lecker und Ihr Hamster kann sich auch noch darin einkuscheln.

Nicht alles, was dem Tier gefällt, ist auch geeignet. Dabei müssen Sie darauf achten, dass das Material verdaulich ist. Die kleinen Nager knabbern gerne an der Polsterung. Bieten Sie dem Tier für seine Schlafzimmerausstattung Grasballen, Stroh, Heu sowie zerrissene Kosmetik- oder Papiertaschentücher an. Aber auch Toiletten- und Küchenrollenpapier wird gerne genommen.

Nehmen Sie auf keinen Fall parfümiertes Papier. Dafür muss es aber wasserlöslich sein. Machen Sie vorher den Test. Sehen Sie, ob sich das Papier in Wasser auflöst. Nur dann ist es als Polsterung geeignet.

▸BEINCHENFALLE

Im Zoofachhandel wird für den Nestbau spezielle Hamsterwolle angeboten. Diese ist aber nicht ungefährlich. Die Winzlinge können sich darin verfangen und die Watte die Beinchen abschnüren. Das Gleiche gilt für Scharpie. Dabei handelt es sich um zerrissenen Baumwollstoff, der als Nistmaterial für Vögel erhältlich ist.

▸SELBST IST DER HAMSTER

Betätigen Sie sich nicht als Innenarchitekt. Überlassen Sie es Ihrem Hamster sein Nest einzurichten. Er kann es besser, und außerdem ist es eine artgerechte Beschäftigung.

► NICHT VERGESSEN

Alle Einrichtungsgegenstände, egal ob Wurzeln oder Wassernapf, sollten vor dem Erstgebrauch gründlich gereinigt werden. Was aus Wald und Flur entnommen wurde, birgt gesundheitliche Risiken. Es kann mit Erregern oder Parasiten behaftet sein. Säubern Sie die Gegenstände mit heißem Wasser. Noch besser: Erhitzen Sie sie kurz in der Mikrowelle.

Wurzeln und Baumrinden machen sich gut im Hamsterheim.

Sandbad

Er darf in keinem Hamsterheim fehlen: der Sandpool. Die Tiere lieben es, darin zu baden. Und ganz nebenbei hat das Sandbad viele gesundheitsfördernde Eigenschaften: Für die Haut- und Fellpflege ist das Planschen im Sand unerlässlich. Dabei wird Dreck regelrecht herausgekämmt. Nicht nur das feine Deckhaar wird gereinigt, sondern auch das dichtere Unterfell. Außerdem werden die Krallen abgewetzt und Stress abgebaut.

Als Badesand eignet sich am besten staubarmer Chinchillasand, der in der Regel aus Bimsstein hergestellt wird. Achten Sie auf abgerundete Sandkörner. Sandkasten- oder Bausand sollten Sie nicht verwenden, er ist zu rau. Vogelsand ist ebenfalls ungeeignet, da er oft Stoffe enthält, die dem Hamster entweder nicht behagen (z. B. Anis) oder Verletzungen verursachen können (Muschelstückchen). Als Becken eignet sich am besten eine schwere Ton- oder Keramikschale.

≫ **Ein Sandbad darf in keinem Hamsterheim fehlen.**

Toilette

Die Nager sind reinliche Tiere. Wahrscheinlich haben Sie schon bemerkt, dass Ihr Hamster im Käfig eine bevorzugte Ecke hat, in der er seine Notdurft verrichtet. Das ist der ideale Platz, um eine Hamstertoilette aufzustellen. Mit etwas Glück, wird die Toilette zumindest fürs Urinieren angenommen. Dass das Tier aber hier und da seinen Kot hinterlässt, wird sich wohl kaum vermeiden lassen.

Die Toilette wird besser angenommen, wenn Sie zur Motivation Streu in die Toilette legen, die mit Ausscheidungen versetzt ist. Im Handel gibt es zahlreiche Ausführungen von Hamstertoiletten. Die meisten sind so geformt, dass sie in eine Käfigecke passen. Aber Sie können natürlich auch improvisieren. Gefüllt wird das Klo mit Hamstereinstreu oder Chinchillasand. Nehmen Sie auf keinen Fall Katzenstreu.

Laufrad

Das Laufrad ist wirklich ein kontrovers diskutiertes Thema. Es hat jede Menge Gegner und zahlreiche Befürworter. Die einen halten es für eine tolle Bewegungsmöglichkeit, die anderen glauben, es führt zur Laufsucht. Das Laufrad wurde sogar wissenschaftlich untersucht. Die Universität Bern hat sich dem Problem angenommen. Sie hat in Studien herausgefunden, dass es so was wie „Laufsucht" nicht gibt. Die Tiere nutzen das Rad, um sich Bewegung zu verschaffen. Außerdem, so die Wissenschaftler, wird damit die Gefahr verringert, dass der Hamster stereotype Verhaltensweisen zeigt.

>> **Zum Dösen ist das Hamster-WC eigentlich nicht gedacht.**

Aber: Das Laufrad ist kein Ersatz für andere Beschäftigungsangebote oder als Ausgleich für einen zu kleinen Käfig. Spielzeug und ein angemessen großer Käfig sind auch mit Laufrad ein Muss. Ein Laufrad im Käfig schadet wohl nicht. Vorausgesetzt, es ist qualitativ hochwertig! Und das ist das Problem. Es sind leider noch viele mangelhafte Produkte im Handel, die für einen Hamster lebensgefährlich sein können. Nur ein hochwertiges und artgerechtes Laufrad darf in den Käfig.

> Beim Laufrad darauf achten: Eine Seite offen und keine Sprossen, in denen der Hamster hängen bleiben und sich verletzen kann.

▶ INFOBOX

Das optimale Laufrad...
- ist an der Rückseite geschlossen, die Vorderseite ist offen. Es ist auf keinen Fall geschlossen!
- ist groß genug. Auch ein stattlicher Hamster kann bequem darin laufen. Es hat einen Durchmesser von etwa 25 cm, besser wären sogar 30 cm.
- hat eine durchgehende Lauffläche. Es besitzt keine Sprossen, in denen der Hamster hängen bleiben und sich schwer verletzen könnte.
- lässt sich gut befestigen und verursacht bei Benutzung keinen Lärm. Letzteres ist häufig bei Rädern der Fall, die am Gitter angebracht werden. Besser sind frei aufstellbare Laufräder. Ist das Hamsterheim ein Terrarium oder Aquarium, gibt es sowieso keine Alternative.
- ist absolut standfest. Gibt es Probleme, kann es auf eine Steinplatte festgeklebt werden.
- ist wirklich ein Laufrad und keine Laufkugel oder irgendein anderer lebensgefährlicher Schnickschnack.

▶ ERFOLGSTIPP

Quietschende Laufräder sind eine Tortur für das menschliche und tierische Gehör. Da hilft es, das Rad mit Speiseöl zu schmieren. Nehmen Sie kein Maschinenöl. Leckt der Nager daran, kann er sich vergiften.

Spiel und Spaß für Hamster

Ihr Hamster braucht Abwechslung im Käfig. Schlafen und fressen alleine reichen dem Tierchen nicht. Sie müssen für die Unterhaltung sorgen. Eine artgerechte Haltung beinhaltet ausreichende Spiel- und Versteckmöglichkeiten und in Grenzen auch Kletterangebote. Sie haben keine Ideen? Dann schauen Sie sich mal im Baumarkt oder in der Zoohandlung um. Dort werden Sie einiges finden, was man als Spielzeug umfunktionieren könnte.

Wenn die Käfiggröße es zulässt, können Sie das Animationsangebot über mehrere Ebenen verteilen. Dabei sollte allerdings immer noch genügend Platz zum Laufen und Buddeln übrig bleiben. Wichtig ist, dass das verwendete Material unschädlich und sicher angebracht ist. Tauschen Sie zernagtes und beschädigtes Mobiliar immer aus.

Verstecken

Ton- oder Metallröhren sind prima Tunnel. Auch Wurzeln, ausgehöhlte Baumstämme oder Kokosnüsse sind klasse. Diese erhalten Sie im Zoofachhandel. Schauen Sie sich dort mal in der Terraristik- und Aquaristikabteilung um.

Abwasserrohrsysteme sind im Baumarkt erhältlich und werden gerne als Tunnel angenommen. Auch mit Kartons, Papprollen und Papprohren (von Küchenrolle oder Klopapier) machen Sie Ihren Hamster glücklich.

Ein prima Versteck, das man auch noch anknabbern kann. Ihre alten Lederschuhe (unbehandelt) bitte nicht wegwerfen, sondern stellen Sie sie Ihrem Nager als Freizeitpark zur Verfügung.

≫ **Versteckideen: Auch mit einer leeren Papprolle kann man viel Spaß haben.**

≫ Sturzgefahr:
Kletterseile niedrig anbringen.

Klettern

Wir haben es schon erwähnt – Hamster sind keine begnadeten Kletterer. Doch das hält sie nicht davon ab, Kraxeltouren zu unternehmen. Daher sollten Sie dem Nager ungefährliche Klettermöglichkeiten, wie Stege oder Brücken, anbieten. Diese müssen Sie natürlich sicher im Käfig anbringen. Der Kletterspaß sollte aus unbehandeltem Naturmaterial sein. Wichtig: Keine Sprossen. Alle Übergänge müssen durchgehend sein, da die Hamster sonst durchrutschen und mit den Beinchen hängen bleiben könnten. Legen Sie die Etagen so an, dass der Hamster nicht zu tief fällt, wenn er mal ausrutschen sollte.

≫ **INFOBOX**

Der richtige Spielspaß:
- Keine Plastiksachen. Die werden angenagt und die Kunststoffteile verschluckt.
- Spielzeug muss standfest sein. Eine seitlich liegende Keramikschüssel ist zwar ein tolles Versteck – wenn sie jedoch umkippt, ist sie eine Todesfalle.
- Keine Laufkugel. Die Belüftung ist eine Katastrophe. Noch schlimmer ist die extrem große Verletzungsgefahr, die alle Laufkugeln mit sich bringen.

≫ **ERFOLGSTIPP**

Bringen Sie Abwechslung in den Heimtieralltag. Wechseln Sie die Beschäftigungsangebote öfter mal aus. Keine Sorge, dafür müssen Sie nicht permanent neues Spielzeug kaufen. Es reicht, wenn Sie alte Sachen rausnehmen und nach ein paar Wochen wieder in den Käfig setzen. Das ist für den Hamster so gut wie neu. Auch neue Gerüche, z. B. ein Töpfchen mit Gras oder Moos (unbehandelt und trocken) regt das Hamsternäschen an.

≫ Ab auf die Wippe.

Beschäftigungsspiele

Dafür benötigen Sie etwas Zeit, aber es lohnt sich: Spielen Sie den Hamsteranimateur. Ziemlich klasse finden Hamster ein Labyrinth, das allerdings nach oben geöffnet sein sollte. Diese erinnern sie an einen Bau und sind besonders toll, wenn am Ende eine leckere Belohnung wartet. Solche Labyrinthe sind im Fachhandel erhältlich. Dieser Freizeitspaß eignet sich aufgrund der Größe besonders für den Auslaufbereich. Einige Hamster toben gerne auf ihrem Menschen herum. Ein zweibeiniger Riesenhamster bietet ja auch tolle Versteckmöglichkeiten und riecht vertraut.

Nichts wirkt so motivierend wie Fressen. Daher sind Futterspiele eine tolle Beschäftigungsmöglichkeit. Hier muss sich der Hamster sein Lieblings-Leckerli verdienen. Spießen Sie es z. B. auf kleine Äste und hängen die Leckerein so auf, dass der Hamster sie gefahrlos erreichen kann.

Alternative: Verstecken Sie die Leckerei im Käfig oder Auslauf.

≫ **Gute Idee: Naschen und Fitness in einem.**

Käfigreinigung

Möchten Sie in einem verdreckten und stinkigen Zuhause wohnen? Sicher nicht! Ihrem Hamster geht es da nicht anders. Deshalb sollten Sie einmal in der Woche einen kompletten Wohnungsputz durchführen. Dazu gehört das Auswechseln der Einstreu und das Auswaschen der Unterschale, wenn Sie einen Gitterkäfig haben.

Verzichten Sie auf Reinigungs- und Desinfektionsmittel, der Geruch belästigt das feine Näschen des Hamsters. Außerdem können solche Produkte schädliche Rückstände hinterlassen. Heißes Wasser und eine Bürste reichen völlig. Sollte sich Urinstein gebildet haben, können Sie ihn notfalls mit Essigsäure entfernen. Danach müssen Sie aber gründlich den Boden abspülen.

Beim großen Käfigputz werden Näpfe und Trinkflasche gesäubert. Ecken (Toilette) mit durchweichter Einstreu sollten Sie auch zwischendurch sauber machen. Dann reicht es, wenn Sie die nasse Eintreu entfernen und durch frische ersetzen. Hin und wieder sollten Sie auch die Käfiggitter bzw. Glaswände reinigen, da diese mit der Zeit verschmutzen.

▶REINIGUNGSPLAN

- Täglich, spätestens nach zwei Tagen: Durchnässte Einstreu gegen neue austauschen. Dreckiges und altes Frischfutter auswechseln. Täglich frisches Trinkwasser geben.
- Zweimal wöchentlich oder bei Bedarf: Dreckiges und nasses Nistmaterial entnehmen und sauberes anbieten.
- Wöchentlich, spätestens nach zwei Wochen: Einstreu komplett wechseln, Käfigschale und Futterutensilien sorgfältig reinigen. Bei Bedarf auch Häuschen und Verstecke.
- Monatlich: Gitterkäfige (Käfigoberteil) reinigen. Mit dem Säubern von Terrarium- oder Aquariumsscheiben kann man sich etwas Zeit lassen. Das ist deutlich mehr Arbeit als Gitterstäbe abzuwaschen.

GUT ZU WISSEN

Die Käfigreinigung ist für das Tier mit Stress verbunden. Während des Großreinemachens sollten Sie den Hamster in seinen Auslauf setzen, falls vorhanden, oder in einen Ersatzkäfig.

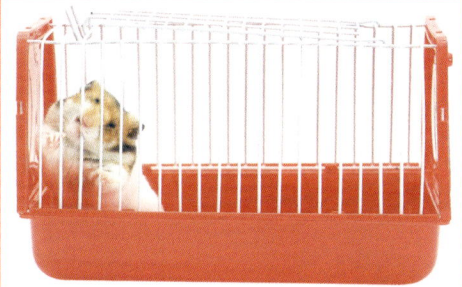

Ersparen Sie dem Hamster den Putzstress. Setzen Sie ihn so lange in einen Transportkäfig.

Freigang für Hamster

Hamster sind lauffreudig und neugierig. Sie lieben es, das Leben außerhalb ihres Käfigs zu erforschen. Gönnen Sie Ihrem Hamster täglich mindestens eine Stunde Auslauf. Begrenzen Sie den Freilauf aber aus Sicherheitsgründen auf einen abgesperrten Bereich. Dieser Auslauf muss unbedingt ausbruchsicher sein.

Um das aufgeweckte Kerlchen zu unterhalten, sollten Sie ihn im Auslauf ausreichend beschäftigen und für ungefährlichen Nagespaß sorgen. Ideal ist es, wenn Sie einen Laufraum haben oder einen geschlossenen Auslaufbereich bauen können. Denn sonst ist das winzige Tierchen schnell in der kleinsten Ecke verschwunden und knabbert dort an Dingen, von denen es besser seine Zähnchen lassen sollte (z.B. Stromkabel). Wenn Sie den neugierigen Nager im Zimmer frei laufen lassen, ist Vorsicht geboten. Hier lauern viele Gefahren.

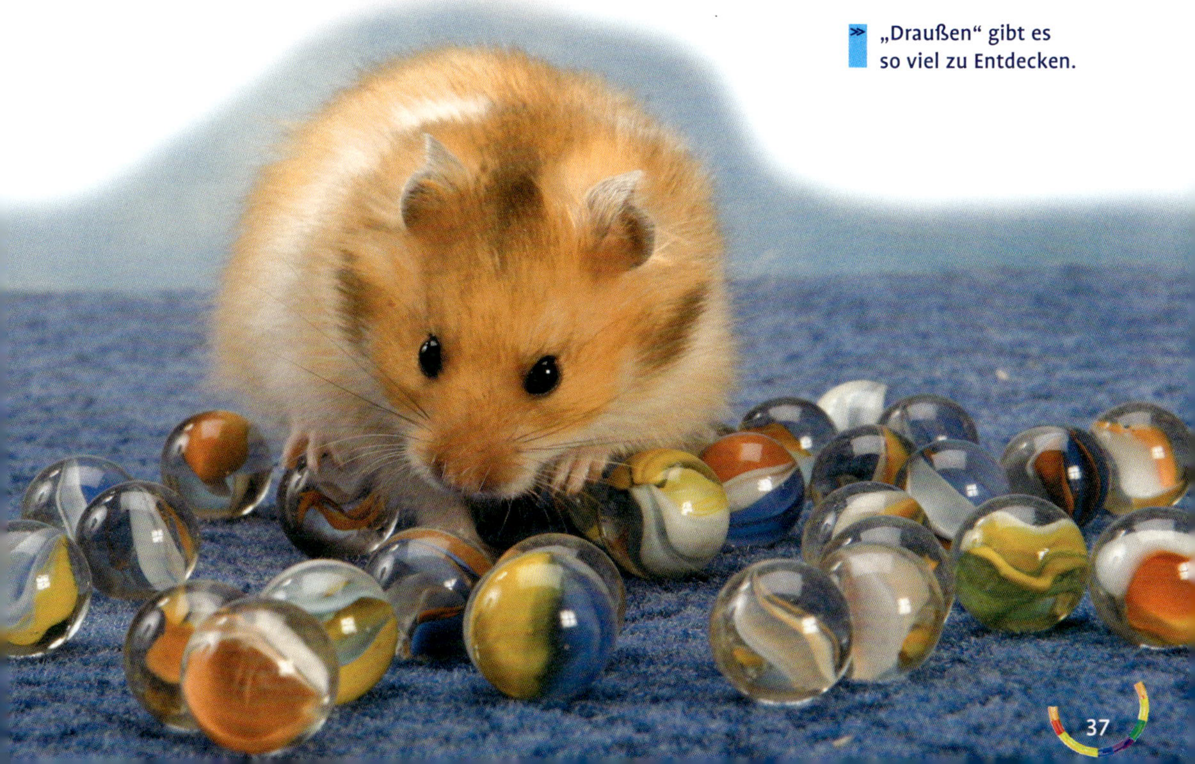

„Draußen" gibt es so viel zu Entdecken.

▶INFOBOX

Treffen Sie entsprechende Sicherheitsvorkehrungen, bevor Sie Ihren Hamster auf „freie Pfoten" setzen:

- Kabel jeglicher Art müssen hochgelegt oder umhüllt werden.
- Elektrogeräte entfernen, Kaminfeuer und Kerzen löschen.
- Türen und Fenster schließen.
- Jeden Schritt bedächtig machen.
- Es sollte während der Auslaufzeit möglichst kein anderer ins Zimmer kommen. Der flinke Winzling könnte abhauen oder getreten werden.
- Kein Putzwasser oder Gießwasser stehen lassen.
- Den Hamster nicht hoch setzen bzw. das Hochklettern verhindern (Sturzgefahr). Die Tiere können Höhe absolut nicht einschätzen, was sie aber nicht daran hindert, hoch hinaus zu wollen. Solche Ausflüge gehen nicht selten tödlich aus.

- Schlupfwinkel, z.B. hinter Schränken, zustellen.
- Keine unverträglichen Menschensachen rum liegen lassen, z.B. Süßigkeiten oder Zigaretten.
- Giftige Pflanzen entfernen (siehe auch Ernährung, S. 44 ff.).
- Stellen Sie zum Wohlfühlen – und Einfangen – Schlafhäuschen und Verstecke auf.

▶ERFOLGSTIPP

Der abenteuerlustige Hamster schätzt die Freiheit. Es ist gar nicht leicht, ihn wieder einzufangen. Locken Sie den Kleinen mit einer ganz besonderen Leckerei, das versüßt den Weg ins Hamsterheim. Auf keinen Fall dürfen Sie das Tier jagen. Der Stress ist lebensgefährlich und schadet der Mensch-Tier-Bindung.

⏵ So nicht! Kabel und Elektrogeräte haben nichts im Auslauf zu suchen.

Fell

Hamster sind reinliche Tiere, sie putzen sich regelmäßig selbst. Da müssen Sie nichts mehr machen.
Wichtig: Stellen Sie dem Tier für die Fellpflege ein Sandbad mit Chinchillasand zur Verfügung (s. Seite 31).
Ausnahme: langhaarige Hamster. Hier müssen Sie
schon mal ran. Die Hamstermähne können Sie mit
einer Kinderbürste oder einen sanften Zahnbürste
durchkämmen. Knoten, die sich nicht auskämmen
lassen, sollten Sie vorsichtig herausschneiden. Auf
keinen Fall dürfen Sie das Kerlchen baden. Das schadet mehr, als dass es nützt.

► ERFOLGSTIPP

Früh übt sich: Beginnen Sie mit der Fellpflege
Ihres Teddy- oder Angorahamsters so früh wie
möglich. Selbst Jungtiere mit noch kurzem Fell,
sollten Sie regelmäßig kämmen, damit der
Kleine sich daran gewöhnt. So wird die Prozedur
für ihn eine Selbstverständlichkeit, und Sie
haben später keine Probleme mit der Fellpflege.

Regelmäßig bürsten. Gewöhnen Sie Ihren langhaarigen Hamster schon von klein auf daran.

**Bieten Sie Ihrem Nager genügend gesundes
Knabberfutter an. Geben Sie ungespritzte Zweige
von Obstbäumen als Knabberspielzeug.** ➤

Zähne

Typisch Nager: Die Schneidezähen wachsen permanent nach. Deshalb müssen die Tiere auch ständig
was zum Knabbern haben. So reiben sie sich die
Zähnchen ab. Achten Sie unbedingt auf Zahnfehlstellungen (siehe auch Krankheiten, S. 54).

Krallen

In der Natur müssen sich Hamster nicht mit überlangen Krallen herumschlagen. Diese wetzen sich die Tiere beim Scharren oder Laufen über rauen Grund ab. Aber in Gefangenschaft können die Krallen schon mal zu lang werden. Zu lange Krallen bergen aber ein Verletzungsrisiko und müssen vom Tierarzt (!) zurückgeschnitten werden. Um dem aus dem Weg zu gehen, sollten Sie auch raue Materialien in den Käfig legen. Hierfür eignen sich unlasierte Tonsachen oder eine Steinplatte.

Augen und Nase

Eventuelle Verkrustungen an Augen und Nase sollten Sie sanft und vorsichtig mit einem feuchten Tuch entfernen. Nicht reiben. Nehmen Sie für die Augen keine Kamillelösung. Das gute „Hausmittel" wirkt nicht lindernd, sondern reizt die Augen.

≫ Eine raue Steinplatte oder Baumrinde hilft beim Abwetzen der Krallen.

Hamster-Sitter gesucht

Tiere dürfen nicht aus einer Laune heraus erworben werden. Wer sich ein Haustier zulegt, muss sich darüber im Klaren sein, welche Verantwortung er damit übernimmt. Sie müssen für einige Zeit fort? Dann sollten Sie sich rechtzeitig, am besten noch vor dem Kauf, nach einem tierlieben Hamster-Sitter umsehen. Fragen Sie in der Familie oder im Freundeskreis nach, wer bereit wäre, für das Kerlchen zu sorgen, wenn Sie im Urlaub sind oder ins Krankenhaus müssen.

Informieren Sie den Tier-Sitter frühzeitig über seine Aufgaben. Am besten schreiben Sie kurz auf, was er über Ernährung, Käfigreinigung, Auslauf und Handhabung wissen muss. Für alle Fälle sollten Sie ihm auch die Rufnummer Ihres Tierarztes geben. Lassen Sie Ihr Tier wenn möglich in seiner gewohnten Umgebung.

Wenn Sie absolut niemanden finden, der auf Ihren Hamster aufpasst, fragen Sie bei Tierheimen oder Zoofachgeschäften nach, ob diese eine Pensionsmöglichkeit anbieten. Wenn Sie den Hamster in Pension geben, dann nur im eigenen Käfig. Dann hat das verängstigte Kerlchen in einer ungewohnten Umgebung wenigstens eine vertraute Behausung und bekannte Gerüche.

Hamster auf Reisen

Wie viele Tiere mag auch der Hamster keinen Ortswechsel. Für die Nager ist so eine Reise mit großem Stress verbunden. Aber wenn Sie Ihren kleinen Nager unbedingt mit in Urlaub nehmen möchten, sollten Sie darauf achten, dass der Hamster keinem Zug und keiner prallen Sonne ausgesetzt wird. Lange Fahrten in brütender Hitze sind tabu. Am besten transportieren Sie das Tier samt Käfig und Zubehör. Diese Dinge brauchen Sie vor Ort ja sowieso.

Um den Reisestress besser zu verkraften, sollten Sie den Käfig abdunkeln. Aber Vorsicht: Es muss noch genügend Luft zirkulieren können, sonst kann es im Käfig zu einem gefährlichen Hitzestau kommen.

≫ Besser schriftlich. Geben Sie dem Hamstersitter einen genauen Pflegeplan.

Verhalten

Bestimmten Arten und Rassen werden bestimmte Charaktereigenschaften nachsagt. So seien wildfarbene Goldhamster zutraulich und robust, der Schecken-Goldhamster nervös und schreckhaft. Sicher gibt es zahlreiche Hamsterhalter, die dem zustimmen würden. Aber es wird auch einige geben, die ganz andere Erfahrungen gemacht haben. Natürlich kann man Tendenzen erkennen, letztendlich ist es aber so, dass jeder Hamster seine eigene Persönlichkeit hat. Akzeptieren Sie Ihr Tier so wie es ist. Zwingen Sie ihm keine unerwünschte Zuwendung auf. Für einen scheuen Hamster ist zu viel „Liebe" purer Stress.

▶ LAUTSPRACHE

- Brummen, Zähneklappern, Fauchen, Schmatz- und Pfeiftöne: Gar nicht gut. Der Hamster ist richtig sauer.
- Bellen, Schniefen: Das Tierchen könnte Schmerzen haben.
- Quieken: Der Kleine hat Angst.

▶ KÖRPERSPRACHE

- Auffallend langsame Bewegungen, kriecht am Boden entlang und schnüffelt: Der Hamster ist unsicher oder hat Angst. So ein Verhalten zeigt der Nager häufig in einem neuen, noch ungewohnten Käfig.
- Auf die Hinterbeine stellen: Das dient meist der Orientierung. Manchmal auch als Drohgebärde einem anderen Hamster gegenüber. Hebt er dabei ein Pfötchen, ist das ein abwehrendes Verhalten.
- Aufgeblähte Backentaschen: Das ist eine Drohgebärde. Jetzt sollten Sie sich ihm nicht nähren, Sie riskieren, dass er zubeißt.
- Zurückgelegte Öhrchen: Er ist aufmerksam.
- Putzen: Er fühlt sich hamsterwohl. Das Putzen ist sehr wichtig für die Fellpflege. Bei diesem Ritual dürfen Sie den Kleinen nicht stören. Ist die Fellreinigung allerdings übertrieben und hektisch, dann handelt es sich um eine Übersprungshandlung. Eine typische Stressreaktion. Vielleicht ist der Hamster unsicher oder aufgeregt. Mit dem Putzen geht er der unangenehmen Situation erst einmal aus dem Weg.
- Zusammenzucken: Der Kleine hat sich ganz schön erschreckt. Haben Sie ihn vielleicht von oben gepackt?

➤ Hier ist aber jemand schlecht gelaunt.

Vertrauen gewinnen

Sie möchten natürlich einen zutraulichen Hamster. Das ist verständlich. Ein Tier sieht das aber anders. Und nicht alle Hamster mögen den engen Menschenkontakt. Einige sind sehr scheu und machen um die Zweibeinerhand einen großen Bogen. Manchmal schafft man es aber, dass der Kleine zutraulich wird. Klappt es nicht, sollten Sie sich daran erfreuen, Ihren schlauen Nager bei seinem Treiben zu beobachten. Das macht auch Spaß und stresst das Tierchen nicht.

Widerspenstige Zähmung

Es ist ein tolles Gefühl, wenn der Hamster schon nach kurzer Zeit zutraulich und handzahm ist. Doch es gibt auch Ausnahmen. Besonders scheue Exemplare machen es dem Menschen nicht leicht, eine Verbindung aufzubauen. Jetzt liegt es an Ihnen, die Kluft zwischen Zweibeiner und Vierbeiner zu überbrücken. Ihre Mittel: Geduld, Liebe und Zeit.

Ein Hamster kann aus den unterschiedlichsten Gründen zurückhaltend sein oder werden. Vielleicht hatte er während der wichtigen Aufzuchtphase keinen Kontakt zu Menschen. Vielleicht beschäftigen Sie sich auch nicht ausreichend mit ihm. Behandeln Sie Ihren scheuen Hamster mit respektvollem Feingefühl. Auf keinen Fall dürfen Sie ihm Ihre Liebe und Zuwendung aufzwingen. Es ist wichtig, dass der Hamster den ersten Schritt macht. Am besten wiederholen Sie die ersten Punkte, die wir bereits im Kapitel „Willkommen im neuen Zuhause" dargestellt haben. Das wäre kurz zusammengefasst: Reden, Hand reinhalten, Leckerli anbieten, den Hamster kommen lassen, behutsam den Körperkontakt suchen.

≫ **Die Körpersprache zeigt's:**
Dieser Goldi ist einfach nur neugierig.

Ernährung

Ernährungsgrundsätze

Hamster sind „Dreiviertel-Vegetarier". Sie ernähren sich zwar überwiegend vegetarisch, doch hier und da brauchen sie auch tierisches Eiweiß. Achten Sie auf eine abwechslungsreiche und ausgewogene Ernährung. Das heißt, eine vernünftige Kombination aus Körner-, Frisch-, Nage- und Beifutter. Natürlich dürfen auch kleine Leckereien nicht fehlen.

Wichtig: Das Futter darf nicht verschimmelt, verdorben oder nass sein.

Es reicht, wenn Sie das Tier nur einmal täglich – am besten zu einem festen Zeitpunkt – füttern. Bei der Menge müssen Sie sich nach Erfahrungswerten richten. Geben Sie nur so viel, dass am nächsten Tag nur noch wenig übrig ist. Dann sind die Rationen ideal. Hier kann man sich aber schnell vertun. Einige Halter steigern die Portionen, weil alles weggefuttert ist. Dabei hat der Kleine das Futter irgendwo gehamstert. Also: Die Verstecke kontrollieren, ob sich da nicht noch was Essbares findet. Sind diese Futterreste gammelig, müssen sie natürlich entsorgt werden.

Trockenfutter

Das Trockenfutter ist der Hauptbestandteil der Ernährung. Dabei handelt es sich in der Regel um Futtermischungen, die unter anderem aus Getreidesamen, Sonnenblumenkernen und Futterflocken bestehen. Achten Sie darauf, dass das Futter zuckerfrei ist. Hamster können an Diabetes erkranken. Das gilt zwar vor allem für Zwerghamster, aber auch Goldhamster können Zuckerprobleme bekommen.

Geben Sie dem Hamster kein Trockenfutter, das für andere Nager wie Kaninchen oder Meerschweinchen bestimmt ist. Diese reinen Vegetarier haben ganz andere Ansprüche an ihre Nahrung.

Planen Sie pro Tier und Tag etwa zwei bis drei Esslöffel Trockenfutter ein. Achten Sie aber darauf, dass es nicht irgendwo im Käfig für schlechte Zeiten gehortet wird. Sie können natürlich auch normales Getreide beifüttern. Sie müssen aber immer darauf achten, dass es nicht schimmelig oder feucht ist.

> Futter schon weg? Schauen Sie mal in den Verstecken nach.

≫ Nur hamstergeeignetes Trockenfutter geben.

Heu

Diese Rohfaser sorgt für eine reibungslose Verdauung. Außerdem hat Heu kaum Kalorien und kann daher auch rund um die Uhr verfüttert werden. Ideal ist dafür eine Heuraufe, so bleibt es sauber. Praktisch und abwechslungsreich sind Heukugeln. Diese werden im Käfig aufgehangen und zwar so hoch, dass der Hamster sich etwas strecken muss, um an das leckere, grüne Zeug ranzukommen. Etwas Heu sollten Sie aber auch zur freien Verfügung bereitstellen. Das Kerlchen verwendet es gerne für den Nestbau und zum Wühlen. Heu erhalten Sie in der Zoohandlung oder direkt beim Bauern. Vielleicht haben Sie aber auch Lust, Ihr eigenes Heu zu machen. Sammeln Sie dafür ungespritzte Gräser und Kräuter, z.B. Melisse, Klee, Luzerne Sonnenhut oder Löwenzahn. Diese breiten Sie an einem trockenen Platz aus und wenden es regelmäßig. Wichtig ist, dass das Heu trocken ist.

FETTFALLEN

Hamster lieben Sonnenblumenkerne und Nüsse. Kein Wunder, dass diese als Erstes aus dem Napf gefischt werden. Doch leider haben diese Leckereien einen hohen Fettgehalt. Damit Ihr Nager nicht zu mollig wird, ist es sinnvoll, Sonnenblumenkerne und Nüsse zu rationieren. Zwei Kerne und eine Haselnuss pro Tag sollten das Maximum sein.

≫ In so einer Raufe bleibt das Heu sauber und trocken.

▶ EINGESCHLEPPT

Vorsicht vor Schädlingen im Heimtierfutter. Gerade Mehlmotten bzw. ihre Maden finden sich hier und da mal in Trockenfutterpackungen. Diese Schädlinge befallen auch andere Lebensmittel. Wenn sie sich erst mal verbreitet haben, wird man sie nur schwer wieder los. Füllen Sie gleich nach dem Kauf Ihr abgepacktes Trockenfutter in einen verschlossenen Behälter um und untersuchen es dabei nach Schädlingen.

Frischfutter

Natürlich gehört auch Frischfutter auf den Speiseplan. Beim Salat dürfen Sie es nicht übertreiben, denn Blattsalat ist sehr nitrathaltig, vor allem Kopfsalat. Besser Sie beschränken sich hier auf den weniger belasteten Endivien-, Feld- oder Eisbergsalat. Ein Stückchen (kein großes Blatt) Salat pro Tag reicht. In geringen Maßen können Sie Ihrem Hamster jedoch

Kohlrabi oder Brokkoli geben. Auf Kohl sollten Sie jedoch weitgehend verzichten, er führt zu Blähungen. Hülsenfrüchte nur getrocknet verfüttern, sonst bekommt Ihr Hamster ebenfalls Blähungen.

Zitrusfrüchte wie Mandarinen oder Kiwi dürfen aufgrund der Säure nur in kleinen Mengen verfüttert werden, Zitrone allerdings überhaupt nicht.

An Gemüse können Sie z.B. Tomaten (ohne Grün und ohne Kerne, da giftig), Gurken, Steckrüben, Möhren oder gelbe Paprika anbieten. Sehr safthaltiges Futter geben Sie in kleineren Mengen. Beliebte Obstsorten sind unter anderem entkernte Äpfel und Melonen, Erdbeeren oder getrocknete Bananen. Ungeschwefeltes Trockenobst sollte nur als Leckerbissen gereicht werden. Auf Steinobst und Exoten, wie beispielsweise Papaya oder Granatapfel, verzichten Sie lieber. Obst wird nicht regelmäßig angeboten, sondern nur als Beifutter.

Wichtig: Geben Sie dem Hamster nur ungespritztes Obst und Gemüse. Frischfutter aus biologischem Anbau oder aus dem eigenen Garten wäre ideal.

≫ Mit Löwenzahn und Gänseblümchen können Sie nichts falsch machen. Aber bitte nicht in Straßennähe pflücken.

Wenn Sie gerne selber sammeln, sollten Sie keine Pflanzen pflücken, die direkt neben einer vielbefahrenen Straße wachsen. Diese sind mit Autoabgasrückständen belastet. Verwenden Sie nur Pflanzen, von denen Sie genau wissen, dass sie ungiftig sind. Wie bei allen Futtersorten muss auch beim Frischfutter darauf geachtet werden, dass es trocken ist.

▶ GUT ZU WISSEN

Trächtige Weibchen dürfen keine Petersilie bekommen. Die Pflanze wirkt wehenfördernd. Ansonsten ist Petersilie ein leckeres und gesundes Kraut. Doch am besten verfüttern Sie es getrocknet, da das frische Kraut hat eine entwässernde Wirkung und nicht täglich angeboten werden sollte.

Beifutter

Hin und wieder darf der Hamster auch mal naschen. Die Leckereien werden ihm als Beifutter angeboten. Sie sollten für den Kleinen etwas Besonderes bleiben und werden nicht täglich verfüttert. Sehr beliebt sind Wal- und Haselnüsse. Da sie sehr fetthaltig sind, reicht Ihrem Hamster eine Nuss pro Woche. Joghurt, Magerquark, Hüttenkäse oder milder Käse sind ausgezeichnete Eiweißlieferanten. Geben Sie dem Nager davon ein- bis zweimal die Woche einen Teelöffel.

Nicht vergessen: Der Hamster ist kein Vegetarier. Er braucht tierisches Eiweiß. Entsprechend müssen Sie seinen Speiseplan gestalten. Ihr Hamster freut sich über Mehlwürmer, gefriergetrocknete Bachflohkrebse, Grillen, Heimchen oder Weiße Mückenlarven. Sie erhalten dieses Lebendfutter im Zoofachhandel. Verfüttern können Sie es mit den Fingern oder mit Hilfe einer Pinzette. Etwa zwei Futtertiere zweimal die Woche reichen Ihrem Hamster. Achten Sie darauf, dass er das Lebendfutter nicht versteckt, da es schnell verdirbt. Notfalls können Sie auch eine Miniportion rohes und frisches Rinderhack servieren.

Nagefutter

Hamster sind Nagetiere und brauchen zur Beschäftigung und zum Zahnabrieb Knabbermaterial. Ungespritzte Zweige von Obstbäumen und einigen Laubbäumen (Haselnuss, Buche) eignen sich dafür hervorragend. Auch hartes, trockenes und nicht verschimmeltes Brot wird gerne genommen, ebenso Hirsestangen. Sie können Ihrem Hamster auch ab und zu mal einen harten Hundekuchen anbieten, sofern er zuckerfrei ist. So kann er knabbern und erhält gleichzeitig Eiweiß.

≫ **Maden-Mahlzeit: Ihr Hamster braucht zwischendurch tierisches Eiweiß.**

▶ FOLGENDE PFLANZEN, OBST- UND GEMÜSESORTEN SIND GIFTIG ODER SCHÄDLICH

Agaven, Aloe, Alpenveilchen, Amaryllis, Azalee, Berglorbeer, Besenginster, Blasenstrauch, Buchsbaum, Christrose, Chrysantheme, Efeu, Eibe, Eisenhut, Engelstrompete, Essigbaum, Farne, Fingerhut, Geranie, Goldregen, Hahnenfuß, Hartriegel, Heckenkirsche, Herbstzeitlose, Hortensie, Hyazinthe, Hülsenfrüchte (roh), Ilex (Stechpalme), Immergrün, Jelängerjelieber, Kalla, Kirschlorbeer, Kartoffellaub –und triebe, Krokus, Lavendelheide, Lebensbaum (Thuja), Liguster, Lorbeer, Lupinen, Maiglöckchen, Märzenbecher, Mahonie, Meerzwiebel, Mistel, Mohn, Narzissen, Oleander, Passionsblume, Pfaffenhut, Porzellanblume, Primel, Pilze (giftige), Rhabarber, Rizinus, Rhododendron, Rittersporn, Sadebaum, Schneebeere, Schneeglöckchen, schwarzer Nachtschatten, Seidelbast, Sommerflieder, Stechapfel, Tollkirsche, Tomatenlaub, Wachholder, Weihnachtsstern, Zwergholunder

▶ INFOBOX

Was Sie bei der Ernährung beachten müssen:
- Die Ernährung muss ausgewogen sein.
- Stellen Sie genügend Knabbermaterial zur Verfügung.
- Das Trinkwasser muss immer frisch sein.
- Das Lecken an einem Salzstein kann einen eventuellen Mineral- und Salzmangel ausgleichen.
- Der Hamster darf kein kaltes Futter fressen. Z. B. Obst und Gemüse, das kurz vorher noch im Kühlschrank lag. Im Winter dürfen keine kalten, gefrorenen Äste verfüttert werden.
- Geben Sie kein verdrecktes, verschimmeltes oder feuchtes Futter (gilt für alle Futtersorten).
- Entfernen Sie nicht gefressenes Frischfutter nach ein paar Stunden aus dem Käfig. Schauen Sie auch in den Verstecken nach, ob der Kleine dort etwas gebunkert hat.
- Bieten Sie Ihrem Hamster wirklich nur artgerechte Nahrung an. Menschennahrung, wie z.B. Schokolade oder Kuchen, ist tabu. Auch Milch ist nichts für die Tiere. Selbst verdünnt ruft sie schweren Durchfall hervor.

≫ Eiweißsnack: Quark ist lecker und gesund.

Anatomie

Körperbau

Hamster haben eher eine rundliche Form. Die Beinchen der Tiere sind kurz und gehen ein wenig bei der „Körpermasse" unter. Trotzdem sind sie ganz schön leistungsfähig, wenn man bedenkt, wie schnell und viel die Kleinen auf ihren kurzen Beinchen herumrennen.

≫ **Typisch Goldi: Runde Kehrseite und niedliches Stummelschwänzchen.**

Backentaschen

Sie sind wirklich ein Erkennungsmerkmal der Nager. Der Hamster benutzt seine Backen tatsächlich als Tasche. Damit sammelt und transportiert er seine Nahrung. In der Natur frisst er nicht vor Ort, sondern schleppt sein Futter in den Bau. Dort kann er sich dann ungestört über die Leckerbissen hermachen und muss keine Angst haben, dabei selbst zur Beute zu werden.

Die Backentaschen sind angesichts der Körperproportionen wirklich riesig. Sie reichen von der Mundhöhle bis zu den Schultern. Da passt einiges rein. Will der Hamster sie leeren, streicht er mit den Pfötchen von vorne nach hinten entlang der Backentaschen.

≫ **Riesig: Die Backentaschen reichen dem Kleinen bis auf die Schulter.**

Zähne

Alle Hamster sind Nagetiere. Und das heißt, dass die Schneidezähne ständig nachwachsen. Neben den vier Schneidezähnen hat der Nager noch zwölf Backenzähne, die aber nicht nachwachsen. Die Tiere benötigen ständig Knabbermaterial, um für einen gleichmäßigen Zahnabrieb zu sorgen.

Augen

Hamster besitzen keine hoch entwickelte Sehkraft. Dafür kann aber jedes Auge unabhängig von dem anderen sehen. Das liegt daran, dass die Augen seitlich am Kopf sitzen. Hamster haben zwar ein weites Gesichtsfeld, können nah aber nur verschwommen sehen. Sie haben Probleme, Entfernung und Höhe einzuschätzen.

Dafür finden sie sich jedoch gut in der Dämmerung zurecht. Die meisten Heimtierhamster haben dunkelbraune Knopfaugen, allerdings gibt es auch Exemplare mit roten Augen (Albinos). Diese Tiere leiden häufig unter Sehstörungen. Da Albinos keine Netzhautpigmentierung besitzen, reagieren sie sehr empfindlich auf helles Licht. Werden sie über ein paar Stunden einer starken Lichtquelle ausgesetzt, führt das zu irreparablen Schäden an der Netzhaut.

Ohren

Die trichterförmigen Öhrchen sind behaart. Das schützt davor, dass beim Buddeln Sand und Erde in den Gehörgang eindringt. Die Ohren können eine beachtliche Leistung vollbringen. Sie vernehmen selbst ganz leise Geräusche. Man vermutet, dass sie sogar Töne im Ultraschallbereich wahrnehmen, diese können wir Menschen gar nicht mehr hören.

Auch die Tonlagen können die Nager gut wahrnehmen und unterscheiden. Sie erkennen sehr schnell die Stimme ihres Halters. Die Ohren sind sehr beweglich und können in verschiedene Richtungen geschwenkt werden. Wenn sie schlafen wollen und Ruhe brauchen, werden die Öhrchen einfach zusammengeklappt und angelegt.

>> Aufrechte Öhrchen. Der Kleine ist gerade sehr aufmerksam.

Nase

Hamster haben einen hervorragenden Geruchssinn. Dieser ist für sie lebenswichtig. Schließlich leben sie in einer Welt der Düfte. Jedes Tier besitzt einen unver-wechselbaren Geruch. Am Duft erkennen Sie Freund, Feind, Familie, potentielle Geschlechtspartner und Krankheiten. Hamster markieren ihr Revier mit Duftmarken, Urin und Kot. So wissen Rivalen gleich, was Sache ist. Die Duftmarken werden über Drüsen abgesondert, die in den Flanken sitzen.

Tasthaare

Die zahlreichen Tasthaare der Hamster (Vibrissen) sind mit sensiblen Nerven ausgestattet. Diese Haare dienen der Orientierung. Die Vibrissen sitzen nicht nur am Kopf, sondern auch an Körper und Beinen. Mit den hoch empfindlichen Tasthaaren können die Tiere selbst kleinste Luftbewegungen registrieren und Hindernisse erkennen. In der Wildnis ist diese Fähigkeit wichtig fürs Überleben. Stoßen sie in einem schmalen Bau mit ihren Sinneshaaren an die Wände, wissen die Hamster, dass der Gang zu eng für sie ist. Würden sie stecken bleiben, wäre sie eine leichte Beute für Räuber.

>> Wenn die Tasthaare durchpassen, passt auch der Rest.

Gesundheit

Gesundheitsvorsorge

Natürlich wünschen Sie sich, dass Ihr quirliger Hausgenosse gesund bleibt. Doch Krankheiten und Verletzungen lassen sich nicht immer vermeiden. Damit das Tier für seine Verhältnisse möglichst lange bei Ihnen bleibt, müssen Sie auf eine gesunde Haltung achten.

Stress vermeiden: Er verursacht Krankheiten und kann die Lebenserwartung verkürzen. Stress kann beispielsweise durch eine ungewollte Gruppenhaltung oder Hetzjagden ausgelöst werden. Selbst unerwünschte Zuwendungen können das Tierchen aufregen. Aber auch Schwangerschaften sind stressig und können die Lebensdauer eines weiblichen Hamsters deutlich verkürzen.

Hygiene: Reinigen Sie regelmäßig das Hamsterheim. Unsauberkeit kann Erkrankungen verursachen und erleichtert die Ausbreitung von Krankheitserregern.

Richtige Ernährung: Bieten Sie Ihrem Hamster nur artgerechte Nahrung an. Essensreste oder Süßigkeiten sind tabu. Geben Sie dem Nager kein verschimmeltes, verdorbenes oder feuchtes Futter.

Knabbern: Die Schneidezähne des niedlichen Nagers wachsen bis ans Lebensende. Deshalb ist artgerechtes Knabbermaterial ein tägliches Muss! Das verhindert schmerzhafte Gebisserkrankungen. Zur Sicherheit sollten Sie regelmäßig die Zähne kontrollieren, vor allem wenn Sie ein verändertes Fressverhalten beobachten. Dann sollten Sie zur Vorsicht den Tierarzt aufsuchen.

Wann muss mein Hamster zum Arzt?

Es gibt viele Erkrankungen, die für uns Menschen augenscheinlich sind. Dazu gehören Bisswunden und Durchfall. Darauf können Sie sofort reagieren. Doch viele Krankheiten lassen sich nicht auf den ersten Blick erkennen. Hier hilft nur eins: Beobachten Sie Ihr Tier aufmerksam. Bei Auffälligkeiten wie verändertem Haarkleid, Aussehen und Verhalten sollten Sie umgehend den Tierarzt aufsuchen. Warten Sie nicht zu lange. Die zarten Tierchen haben keine großen Reserven. Der nächste Tag kann schon zu spät sein.

>> Verhält sich Ihr Hamster merkwürdig? Das könnte ein Krankheitszeichen sein.

>> Achten Sie auf eine artgerechte Ernährung.

► KRANKHEITSSIGNALE

- Teilnahmslosigkeit, Appetitlosigkeit, Gewichtsverlust
- plötzlich verändertes Verhalten
- zusammengekauerte, erstarrte Sitzposition
- Speicheln in Kombination mit Appetitlosigkeit
- stumpfes, struppiges Fell
- Haarausfall, kahle Stellen
- Entzündungen an Augen, Ohren
- Schnupfen
- Durchfall (verschmierte Afterregion)
- Verstopfung (geringe Kotabsetzung)
- Zittern, Krämpfe
- röchelnde, rasselnde Atmung
- Beulen, Knoten
- harter, aufgeblähter Bauch
- Verletzungen

Krankheiten

Erkältung

Stand der Käfig im Zug oder wurde er größeren Temperaturschwankungen ausgesetzt, kann eine Erkältung die Folge sein. Diese kündigt sich mit Fließschnupfen an. Doch Vorsicht: Eine „harmlose" Erkältung kann sich schnell zu einer lebensgefährlichen Lungenentzündung auswachsen. Rasselndes, knackendes Atmen deutet auf eine fortgeschrittene Erkrankung hin. Sie müssen dann sofort den Tierarzt aufsuchen.

Bisswunden

Diese sind meist die Folge von unerwünschter Gruppenhaltung. Bisswunden finden sich häufig am Hinterteil des Tieres. Kleinere Wunden können Sie selbst behandeln. Reinigen Sie die Verletzung mit einem Desinfektionsmittel. Eine Wund- und Heilsalbe kann zwar aufgetragen werden, wird aber unter Umständen vom Hamster wieder abgeleckt. Eitrige Entzündungen und stark blutende Wunden müssen natürlich vom Tierarzt behandelt werden. Nicht zu vergessen: Trennen Sie die zänkischen Nager sofort, und gönnen Sie jedem Tier ein friedliches Leben als Singlehamster.

Magendarmerkrankungen

Durchfall kann durch eine falsche Ernährung, aber auch durch Stress oder einer bakteriellen Infektion verursacht werden. Geben Sie dem kranken Hamster nur Körnerfutter und Zwieback. Lassen Sie das Frischfutter weg, bis der Kot wieder fest ist. Wenn

>> Wenn die Paarhaltung nicht klappt, kann das blutig enden. Bisswunden sofort desinfizieren.

möglich, sollten Sie die verschmutzte Afterregion reinigen. Achten Sie darauf, dass der kranke Nager trinkt, damit er nicht austrocknet. Hält der Durchfall länger als einen Tag an, müssen Sie mit dem Hamster zum Tierarzt.

Augenentzündungen

Augenentzündungen können durch Zug, Erreger und Verletzungen hervorgerufen werden. Auch die Streu führt häufig zu Reizungen, die sich schnell verschlimmern können. Hören die Beschwerden nicht auf, sollten Sie sich vom Tierarzt eine Augensalbe verordnen lassen. Nach ein paar Tagen müsste die Entzündung dann abgeklungen sein. Auf keinen Fall mit Kamillentee oder -lösung auswaschen. Das reizt das Auge nur noch mehr.

>> **So sollte es sein: klare und strahlende Kulleraugen.**

Keratokonjunktivitis

Hier zeigen sich zunächst die gleichen Symptome wie bei einer Augenentzündung. Dann kommt es aber zusätzlich zu einer starken Austrocknung des Auges. Diese Augenkrankheit muss vom Tierarzt behandelt werden, sonst droht der Verlust des Auges.

Parasiten

Kratzt sich Ihr Liebling auffällig oft? Dann sollten Sie ihn auf Parasiten untersuchen. Blutsauger wie Läuse, Milben oder Haarlinge können Ihrem Hamster das Leben schwer machen. Flöhe hingegen sind bei Hamstern eher selten zu finden. Doch wenn im Haushalt noch Hund, Katze oder Kaninchen leben, besteht die Gefahr eines Befalls.

Ein Parasitenbefall zeigt sich in heftigem und anhaltendem Juckreiz. Das Fell wird glanzlos und struppig. Unter Umständen fällt es sogar aus. Der Hamster zeigt ein auffällig unruhiges Verhalten. Er kratzt sich oft und heftig, manchmal sogar blutig. Parasiten sind keine Lappalie, sondern eine ernst zu nehmende Krankheit, die vom Tierarzt mit einem Insektizid behandelt werden muss. Dabei ist es wichtig, dass Sie den Anordnungen des Arztes genau Folge leisten. Denn die Präparate sind giftig und dürfen nur äußerlich angewandt werden.

▶ PARASITENTEST

Auch wenn sie klein sind, so lassen sich doch einige Parasiten mit bloßem Auge oder unter einer Lupe erkennen. Abhängig von der Fellfarbe ist das mal leichter, mal schwieriger. Läuse und Flöhe sind dunkel, Haarlinge sind weiß. Milben werden Sie aber selbst mit Vergrößerungsglas nicht entdecken, diese winzigen Parasiten sind für uns nicht sichtbar.

Läuse, Flöhe und Zecken sind in dunklem Fell nur schwer zu erkennen.

▶ AB AUF DIE WAAGE

Ab auf die Waage: Gewichtsverlust ist ein wichtiges Krankheitssymptom. Doch für den Hamsterhalter ist es gar nicht so leicht, zu erkennen, ob das zierliche Tierchen abgenommen hat oder nicht. Deshalb sollten Sie Ihren Hamster regelmäßig wiegen.

Notieren Sie sich das Gewicht: Verliert Ihr Nager innerhalb einer Woche mehr als etwa fünf bis sieben Gramm, sollten Sie sofort den Tierarzt aufsuchen. Das Ganze funktioniert übrigens auch anders herum. Legt Ihr Kleiner auffällig an Gewicht zu, müssen Sie die Fettbremse ziehen. Sie wollen doch nicht, dass aus Ihrem Hamster ein Moppelchen wird. Reduzieren Sie Dickmacher wie z. B. Mehlwürmer, Nüsse, Sonnenblumen- oder Kürbiskerne.

≫ Wiegen Sie den Hamster regelmäßig, und notieren Sie das Gewicht.

Nassschwanzkrankheit
Von dieser Krankheit sind vor allem vor allem Jungtiere bis zum zweiten Lebensmonat betroffen. Symptome sind ein durchnässter Schwanzbereich und Durchfall. Es kann ein Mastdarmvorfall auftreten. Ausgelöst werden die Beschwerden meist durch Stress (Trennung von der Mutter, neue Umgebung etc.), der sich auf die Darmflora auswirkt. Bakterien haben dann leichtes Spiel, und sie vermehren sich

rasch. Die Folge: Es bildet sich eine Kolibazillose. Zeigt Ihr Hamster Anzeichen der Nassschwanzkrankheit, müssen Sie umgehend den Tierarzt aufsuchen. Es ist möglich, dass Ihr Tier sonst innerhalb von 48 Stunden an den Folgen stirbt.

Probleme beim Entleeren der Backentaschen
Sie sehen Ihren Hamster nur noch mit vollen Backentaschen? Dann stimmt etwas nicht. Es ist gut möglich, dass der Kleine nicht mehr in der Lage ist, seine Taschen selbständig zu leeren. Da kann nur noch der Tierarzt helfen. Eine Verstopfung der Backentaschen wird häufig durch klebrige Nahrungsmittel, vor allem Süßigkeiten, verursacht. Diese dürfen Hamster natürlich nicht fressen.
Doch wenn sie an Süßes rankommen, wird es meist auch gleich vernascht. Achten Sie darauf, dass Ihre Kinder den Hamster nicht mit klebrigem Naschwerk füttern. Möglich wäre aber auch, dass der Hamster Probleme mit den Zähnen hat oder an einer Backentaschenentzündung leidet. Auch dann werden die Taschen nicht mehr entleert. Bei einer Infektion im Mundbereich wird der Tierarzt die Taschen ausleeren und sie dann mit einem Antibiotikum ausspülen.

Zahnerkrankungen
Die Schneidezähne der Hamster wachsen ein Leben lang. Deshalb müssen sie auch immer was zu knabbern haben, um ihre Beißerchen abzuschleifen. Dieser Abrieb entsteht durch mahlende Kaubewegungen aller Zähne. Dabei ist nicht die Härte des Futters entscheidend, sondern die Zeit, die das Tier zum Kauen benötigt. Umso länger es knabbern muss, umso besser ist der Zahnabrieb.
Ernsthafte Probleme mit überlangen Zähnen können auftreten, wenn das Tier zu wenig nagergerechte Nahrung erhält, oder wenn es aufgrund einer Erkrankung zu wenig frisst. Nimmt ihr Hamster plötzlich ab, könnte dies auf eine Zahnerkrankung hinweisen. Der Kleine frisst weniger, weil das mit Schmerzen verbunden ist.
Schlimmstenfalls verhungert das Tier, wenn Sie nicht rechtzeitig eingreifen. Überlange Schneidezähne

müssen vom Tierarzt behandelt werden. Der Arzt schleift die Zähne ab. Kontrollieren Sie bei Ihrem Nager regelmäßig die Zahnstellung.

Wichtig: Eine angeborene Zahnfehlstellung wird immer wieder zu Zahnproblemen führen. Ihnen bleibt nichts anderes übrig, als Ihren Hamster regelmäßig behandeln zu lassen.

Speichelkrankheit

Diese Virusinfektion wird auch als „Hamstermumps" bezeichnet. Es kann zu Lähmungserscheinungen kommen. Die Infektion ist zwar nicht direkt behandelbar, aber der Tierarzt kann das Immunsystem des Kleinen aufbauen.

Hitzschlag

Hamster können nicht schwitzen und überhitzen daher sehr schnell. Sind sie lange hohen Temperaturen bzw. praller Sonne ausgesetzt, besteht die Gefahr eines Hitzschlags.

Das Tier sollte möglichst keinen Temperaturen über 25 °C ausgesetzt werden.

Im Sommer lassen sich höhere Raumtemperaturen oft nicht vermeiden. Hier können Sie ein wenig tricksen: Legen Sie ein feuchtes Tuch auf den Käfig (nicht tropfnass). Auch Kühlelemente sind eine gute Idee. Allerdings müssen sie so angebracht werden, dass der Hamster Sie nicht annagen kann. Anzeichen eines Hitzschlags sind Apathie, Zittern und schnelle Atmung. Das Tier muss sofort in den Schatten gebracht und mit leicht feuchten (nicht nassen) Handtüchern abgekühlt werden. Und bringen Sie den Hamster sofort zum Tierarzt.

>> Behalten Sie die Backentaschen Ihres Hamsters im Auge. Werden Sie regelmäßig entleert?

Diabetes

An Zucker leiden vorwiegend Zwerghamster, andere Hamsterarten sind seltener betroffen. Vor allem der Campbell Zwerghamster neigt zu Diabetes. Mögliche Symptome: Das Tierchen trinkt auffällig viel und scheidet entsprechend viel Urin aus. Dieser ist im Geruch oft süßlich oder scharf. Und obwohl der Hamster mehr frisst, verliert er an Gewicht. Der Nager ist noch aufgedrehter. Als Folgerkrankungen können grauer Star (Linsentrübung) und Harnwegs- oder Blaseninfektionen auftreten.

Bei Diabetessymptomen müssen Sie den Tierarzt aufsuchen. Diabetes ist zwar nicht heilbar und wirkt sich ungünstig auf die Lebenserwartung aus, aber mit der richtigen Therapie kann das Tier auch die verkürzte Zeit glücklich verbringen.

Pilzerkrankungen (Mykosen)

Pilzinfektionen sind nicht ohne. Denn Mykosen sind Zoonosen. Das heißt, die Krankheit ist auf den Menschen übertragbar. Eine Zoonose funktioniert übrigens auch umgekehrt. Wenn Sie beispielsweise an einem Hautpilz leiden, kann sich Ihr Hamster bei Ihnen anstecken und ebenfalls eine Mykose ausbilden.

Eine Pilzinfektion zeigt sich beim Tier zunächst im Kopfbereich (Nase, Augen, Ohren) und an den Beinen. Im weiteren Verlauf breitet sich der Pilz auf dem Körper aus. Die betroffene Haut wird schuppig. Der Hamster kratzt sich vermehrt, an den betroffenen Stellen fallen die Haare aus. Bei Verdacht sollten Sie sofort den Tierarzt aufsuchen. Desinfizieren Sie Ihre Hände nach jedem Kontakt mit dem Tier und seinem Zubehör (z. B. Futternapf, Trinkflasche), um eine Infektion zu vermeiden.

Lymphozytäre Choriomeningitis (LCM)

Die Erkrankung des zentralen Nervensystems tritt relativ selten auf. Betroffen sind nur Jungtiere bis zum dritten Lebensmonat. Überträger der Krankheit sind meist infizierte Mäuse. Die Symptome ähneln der einer Erkältung, häufig tritt auch eine Bindehautentzündung auf. Seltener sind Krämpfe und Lähmungserscheinungen.

> **Hamster sind leider tumoranfällig. Tasten Sie Ihr Tier öfter mal ab.**

Auch bei dieser Krankheit gilt besondere Vorsicht, denn die LCM ist eine Zoonose – also auf den Menschen übertragbar. Wer einen Hamster hat, der jünger als drei Monate ist und sich fühlt als ob er eine schwere Grippe in den Knochen hat, sollte den Arzt aufsuchen.

Die LCM ist gut behandelbar – bei Mensch und Tier. Es kommt nur sehr selten zu Komplikationen. Schwangere allerdings sollten aber aus Sicherheitsgründen den Kontakt zu Junghamstern meiden, wenn ein Tier grippeähnliche Symptome aufeist. Denn LCM kann eine Fehlgeburt auslösen.

Tumore

Hamster bilden häufig Tumore aus. Diese sind aber nicht immer bösartig. Die Geschwülste können überall am Tier auftreten, sogar an den Backentaschen. Sie können einen Tumor zunächst als kleinen Knoten ertasten. Dieser wächst aber recht schnell und kann eine beachtliche Größe annehmen. Ob solch eine Gewebeveränderung entfernt werden soll oder nicht,

muss der Tierarzt entscheiden. Die Operation ist mit einem ernormen Risiko verbunden, die Vollnarkose ist eine große Belastung für das Tierchen. Der Arzt wird den Eingriff vom Allgemeinzustand und Alter des Tieres abhängig machen.

▶ KRANKENPFLEGE

- Halten Sie sich unbedingt an die ärztlichen Anordnungen.
- Vorsicht mit Hausmittelchen. Vor der Anwendung sollten Sie auf jeden Fall Rücksprache mit dem Tierarzt halten.
- Es gibt für bestimmte Erkrankungen wirkungsvolle alternative Heilverfahren, sprechen Sie Ihren Tierarzt darauf an.
- Lassen Sie den kranken Hamster unbedingt in Ruhe. Erklären Sie Ihren Kindern, dass der Kleine krank ist, und dass sie ihn eine Zeit lang nicht stören dürfen.

≫ Bitte nicht stören:
Ein kranker Hamster braucht viel Ruhe.

- Desinfektionsmittel
- blutstillende Clauden-Watte
- Mullbinde
- Bird-Bene-Bac oder Vertinal beruhigen die Darmflora bei heftigem Durchfall (verabreichen nur nach Rücksprache mit Tierarzt)
- Wund- und Heilsalbe
- Einwegspritzen ohne Nadel zum Verabreichen von Medikamenten sowie Wasser und Futterbrei bei geschwächten Tieren
- Rufnummer von Tierarzt oder tierärztlichem Notdienst (außerhalb der Sprechstunden)

Der endgültige Abschied

Es ist traurig, aber leider nicht zu ändern. Hamster werden nicht alt. Es ist schön, wenn Ihr Tier ein gesundes Leben hatte und friedlich einschläft. Doch leider ist das nicht immer der Fall. Dann müssen Sie Ihre Tierliebe beweisen. Wenn Ihr Hamster offensichtlich leidet, sollten Sie das arme Kerlchen einschläfern lassen. Eine schwere Entscheidung, die sie aber aus Respekt und Zuneigung dem Tier gegenüber treffen müssen.

Keine Angst, Sie müssen den Kleinen nicht lieblos „entsorgen". Er ist ein kleines Heimtier und darf daher im heimischen Garten begraben werden. Der Hamster fällt nicht unter das Tierbeseitigungsgesetz. Voraussetzung ist, dass das Tier mindestens mit einer 50 cm dicken Erdschicht bedeckt ist, und dass es nicht auf öffentlichen Plätzen, Anlagen oder in einem Wasserschutzgebiet vergraben wird. Sie können den Hamster auch dem Tierarzt überlassen. Er wird dann alles Notwendige veranlassen.

Zucht

Überlegungen vor der Zucht

Tiernachwuchs ist immer niedlich. Da machen auch Hamster keine Ausnahme. Sie sollten jedoch bedenken, dass die niedlichen Nager auch untergebracht werden müssen. Es gibt bereits genügend ungewollten Hamsternachwuchs. Tierheime können ein trauriges Lied davon singen.

Wenn Sie aber unbedingt züchten möchten, sollten Sie bereits vor dem Wurf Abnehmer suchen. Rechnen Sie dabei mit bis zu zwölf Jungen, auch wenn es nachher nur fünf oder sechs sind. Verpaaren Sie nur Tiere, die gesund und nicht nah miteinander verwandt sind. Auch genetische Eigenheiten (z. B. Albinismus) müssen bedacht werden. Hier kann man fatale Fehler begehen. Wer beispielsweise zwei Satinhamster miteinander kreuzt, bekommt keinen Nachwuchs, der extrem seidiges Fell hat. Ganz im Gegenteil. Diese Kreuzung bringt Tiere mit sehr spärlichem Haarwuchs hervor.

Eine Paarung zwischen zwei Hamstern, die beide eine angezüchtete weiße Bauchfärbung haben, muss unbedingt vermieden werden. Die Tiere kommen ohne Augen zur Welt und verenden nach kurzer Zeit. Wenn Sie eine Hobbyzucht anstreben, sollten Sie sich vorher mit erfahrenen Züchtern in Verbindung setzen, die Ihnen erklären, worauf Sie bei der Zucht von reinrassigen Hamstern achten müssen.

▶ GUT ZU WISSEN

Hamstermännchen mit roten Augen sind unfruchtbar und können somit nicht zur Züchtung verwendet werden.

➤➤ Sorgen Sie schon vor dem geplanten Wurf für Abnehmer.

Deckung

Goldhamster werden etwa mit vier bis sechs Wochen geschlechtsreif. Doch Vorsicht: Einige Exemplare sind auch etwas frühreif und bereits mit drei Wochen so weit. Auf keinen Fall dürfen Sie ein so junges Weibchen decken lassen. Das ist für das Tier lebensgefährlich. Das Weibchen sollte beim ersten Wurf nicht jünger als drei Monate und nicht älter als ein Jahr sein.

Denken Sie daran: Jede Trächtigkeit stresst das Tier und verkürzt die Lebenserwartung. Ein weiblicher Hamster ist alle vier Tage paarungsbereit. Die Nagerdame ist dann ruhiger und hebt das Hinterteil ein wenig an, wenn das Männchen in der Nähe ist. Das junge Glück wird sich mehrmals miteinander paaren. Irgendwann wird es der Dame zu bunt, und das wird sie auch kundtun. Sie wird das Männchen

attackieren. Spätestens dann sollte das Männchen wieder entfernt werden.

Geburt

Die werdende Mama frisst jetzt mit besonders großem Appetit. Natürlich wird sie jetzt noch mehr hamstern als zuvor. Das trächtige Weibchen benötigt besonders eiweißreiche Nahrung. Lassen Sie das Tier am besten in Ruhe, und nehmen Sie sie nicht hoch. Kurz vor der Niederkunft kümmert sich das Weibchen verstärkt um den Nestbau. Sorgen Sie dafür, dass ihr genügend weiches Material zur Verfügung steht. Nehmen Sie keine Hamsterwatte, die Kleinen könnten darin hängen bleiben und sich schwer verletzen.

Die Tragezeit der Goldhamster liegt etwa zwischen 16 und 19 Tagen. Die Hamsterbabys sind Nesthocker und kommen nackt, blind und taub zur Welt. Die Mutter

≫ **Die werdende Mutter braucht jetzt mehr eiweißreiches Futter.**

bringt ihren Nachwuchs im Sitzen zur Welt. Gleich nach der Geburt leckt sie die Kleinen ab, entfernt die Fruchthülle und beißt die Nabelschnur durch. Dabei piepsen die Jungen. Ein Jungtier, das kein Geräusch von sich gibt, ist vermutlich krank und wird von der Mutter tot gebissen. Das ist ein normales Ausleseverhalten und sichert das Überleben der Art. Die Kleinen werden kurz nach der Geburt das erste Mal gesäugt.

▶ MUTTERSTRESS

Lassen Sie das Weibchen in Ruhe – und zwar während und nach der Geburt! Säubern Sie den Käfig erst wieder komplett, wenn die Hamsterbabys selbständig aus dem Nest kommen. Aufmerksamkeit Ihrerseits kann das Muttertier stressen. Schlimmstenfalls kann das dazu führen, dass sie ihren Nachwuchs auffrisst.

≫ **Stressen Sie die Mama nicht. Damit gefährden Sie den Nachwuchs.**

Aufzucht

Mischen Sie sich nicht in die Aufzucht der Jungen ein. Das kriegt die Hamstermama prima alleine hin. Stören Sie die Familie nicht. Zwar sollten Sie kontrollieren, ob in der Kinderstube alles in Ordnung ist, aber bitte vorsichtig. Ideal ist es, wenn das Nest in einem Häuschen mit abnehmbarem Dach ist. Sollten tote Hamsterbabys im Käfig sein, müssen Sie diese gleich entfernen.

Nach etwa zehn bis 14 Tagen öffnen die Tierchen die Augen und erkunden den Nestbereich. Die Entwicklung der Jungtiere ist abhängig von der Wurfgröße. Je kleiner der Wurf, desto schneller wachsen die Kleinen heran. Nach drei Wochen sind sie in der Regel soweit, dass sie nicht mehr gesäugt werden müssen und laufen schon selbstbewusst im Käfig umher. Spätestens jetzt sollten Sie alle Spielsachen im Hamsterheim entfernen, die Kleinen könnten sich verletzen. Nach etwa vier bis fünf Wochen sind die Jungen aus dem Gröbsten raus. Das ist auch das Alter in dem die meisten Jungtiere abgegeben werden.

> **Die Hamstermama hat ihre Rasselbande gut im Griff.**

▶ KINDERKÜCHE

Die Mama weiß, was für den Nachwuchs gut ist. Sobald die Kleinen nicht mehr gesäugt werden, wird sie ihnen verschiedene Sachen anbieten. Das wird Körnerfutter sein, aber auch Grünfutter.

▶ SICHERE KINDERSTUBE

Ein Gitterkäfig eignet sich nicht zur Hamsteraufzucht. Der winzige Nachwuchs kann sich durch die Gitterstäbe zwängen und entwischen. Das ist den meisten Fällen das Todesurteil für die Kleinen. Werden sie nicht rechtzeitig entdeckt, verhungern oder erfrieren sie.

Links, Adressen, Literatur

Links

In den Suchmaschinen finden Sie jede Menge interessante und informative Internetseiten rund um die quirligen Hamster. In entsprechenden Foren stehen Hamsterfans und Züchter den Anfängern mit guten Ratschlägen und Tipps zur Seite.

Hier nur eine kleine Auswahl:

www.hamsterinfo.de • www.hamster-in-not.de
www.hamsterseiten.de • www.hamsterratgeber.de
www.rodent-info.net • www.tierschutzbund.de
www.zzf.de

Adressen:

Ein Tierheim in Ihrer Nähe kann Ihnen der Deutsche Tierschutzbund nennen.

• Deutscher Tierschutzbund e.V., Baumschulenallee 15, 53115 Bonn, Deutschland (www.tierschutzbund.de)

Informationen über Heimtiere Zoofachgeschäfte erteilt der ZZF.

• Zentralverband Zoologischer Fachbetrieb e.V., Postfach 1420, 63204 Langen (www.zzf.de)

Literatur

BREITKOPF C., Goldhamster. Gräfe & Unzer Verlag
FRITZSCHE P., Hamster. Gräfe & Unzer Verlag
FRITZSCHE P., Mein Hamster. Gräfe & Unzer Verlag
KIESELBACH D., Mein erstes Streicheltier zu Hause. Bede Verlag
LANGE M., Hamster glücklich und gesund. Gräfe & Unzer Verlag
METTLER M., Zwerghamster und Goldhamster. Falken Verlag
RAUTH-WIDMANN B., Goldhamster. Artgerecht halten und pflegen. Cadmos Verlag
SIELMANN H., TOLL C., Hamster. Erleben, verstehen, beschäftigen. Franckh-Kosmos Verlag

Zeitschrift

RODENTIA, Kleinsäuger-Fachmagazin vom Natur und Tier Verlag, erscheint alle zwei Monate (www.ms-verlag.de)

(Hinweis: Der bede-Verlag ist nicht für den Inhalt von Internetseiten und deren Links verantwortlich.)